LES RÉVÉLATIONS

DU

GRAND OCÉAN

LES RÉVÉLATIONS

DU

GRAND OCÉAN

PAR

Jules HERMANN

(1846-1924)

ANCIEN AVOCAT ET NOTAIRE

ANCIEN MAIRE DE SAINT-PIERRE (RÉUNION)

ANCIEN PRÉSIDENT DU CONSEIL GÉNÉRAL

PRÉSIDENT HONORAIRE DE L'ACADÉMIE DE LA RÉUNION

TOME SECOND

LIVRE IV

Recherche des fracassements du sol dans la mer des Indes.

Pile ou face, Nord ou Sud, pour la Terre, constituent les parties d'un même tout; mais que ces antipodes souvent ne se ressemblent guère ! C'est ainsi qu'on ne saurait avoir une idée de l'Europe actuelle en se rapportant à la mer des Indes, ou au Pacifique et réciproquement. Continent d'un côté, océan de l'autre ! Sur l'un, avec le mélange des peuples, le langage, comme la race, s'est transformé au point qu'on n'en reconnaît plus la filiation; nous venons de les suivre, en effet, pendant les 300.000 ans qu'on attribue au quaternaire ! Mais dans l'autre hémisphère, où les terres sont rares et distantes, le langage, comme la race, est unique, et aussi que de rapprochements à faire à travers les grands âges géologiques, avec les bouleversements et les fracassements de la croûte terrestre ! Les régions diverses de la planète ont eu tour à tour le même sort, la même histoire ! On dirait un jeu de bascule continu, comme l'a enseigné la philosophie indienne.

Exemple ! L'Europe, qui supporta un océan pendant le secondaire et l'a gardé en partie pendant le tertiaire, s'est relevée au-dessus des eaux; et chez elle, depuis les 300.000 ans du quaternaire, l'humanité, dont on a suivi les traces dans ses couches géologiques, n'a pu par suite y atterrir que pendant cette période de relèvement; elle a fini même par enfanter les plus belles civilisations du moment. Au contraire (V. la géographie de M. de Mortonne), la mer des Indes, aujourd'hui abaissée sous les eaux, engloutie depuis les 300.000 ans du quaternaire, était, au secondaire et au tertiaire, la région par excellence de la Terre; elle se relevait en de vastes terres au-dessus des flots, elle débordait de vie sous le soleil équatorial, elle avait une flore luxuriante où les animaux se pressaient, elle avait notamment une faune mammalogique à grands sujets.

VUE DE L'INTÉRIEUR PAR LA GRANDE FRACTURE DE LA RIVIÈRE DUMAS.
RIVIÈRE DUMAS.

Tout cela a disparu; le désert a plané sur les bords et en ses îles, et ce passé vient d'être entrevu depuis peu !

Et l'on aurait, comme précédemment, pensé qu'en tout temps rien n'était changé de la face de la terre et que l'homme n'y avait paru que depuis les 6.000 ans de la Bible, si, encore une fois, la Science, avec ses découvertes, ne nous permettait d'affirmer que, lors de la révolution du tertiaire, tout avait été bouleversé sur la surface du globe, et que, depuis 300.000 ans, l'homme avait laissé les traces de son existence sur le sol européen.

Mon but désormais est de rechercher si, sur les bords de l'immense excavation qui s'est produite pendant les phases du tertiaire au Sud des Indes, ou bien sur les pointes restées émergées de l'ancien continent austral, nous ne trouverions pas, à défaut de fossiles, la trace de l'enchaînement ontologique, la filiation en botanique, et aussi les vestiges certains du passage d'êtres humains, tout cela datant d'une époque antérieure à la dernière catastrophe du tertiaire, antérieure dès lors à la venue de l'homme en Europe.

Dans la voie des recherches où nous allons entrer, la méthode à prendre, l'orientation à donner aux idées différeront évidemment de celles que l'anthropologie a suivies jusqu'ici. La base des études a été, pour l'Europe et l'Amérique, l'affouillement du sol et l'examen de ses couches, et cette base nous manque, puisque la mer des Indes couvre aujourd'hui les plaines anciennement habitées de l'ancien continent et que les couches sédimentaires qu'elle forme ne pourront révéler le passé que le jour où les eaux s'épancheront par ailleurs. Nous n'avons qu'une ressource, faire appel à la nature, faire parler le sol et l'océan, la pierre et la plante, les monts et les ravins.

Dans tout ce monde que l'on croit n'avoir été fréquenté que depuis quatre siècles, là où le volcan a porté ses ravages, on a rencontré un sol nivelé; là où la montagne s'est effondrée en éboulements, on a vu une plaine factice. Je vois même des montagnes travaillées et martelées! Si je disais brusquement que le Corps de garde à Maurice, que la Tête malabare ou le Buste du roi à Bourbon sont des œuvres d'une humanité qui a précédé la catastrophe de la mer des Indes, — alors qu'on les considère comme des choses naturelles ou des jeux de la nature, alors que la science d'ailleurs ne croit pas à l'homme tertiaire, je serais jugé, je serais un insensé, un rêveur tout au moins !

Il me faut donc ne rien brusquer et faciliter chez ceux qui veulent bien me lire la pénible évolution que j'ai subie moi-même dans mes idées. Pour prouver l'ancienne continentalité de cette région actuellement inondée et surtout son ancienne occupation par une humanité, il me faut donc m'en prendre aux témoins restés émergés de cette ancienne continentalité, parler des particularités saisissantes de notre nature exceptionnellement belle, m'appuyer sur tout ce que cette nature a d'original et de frappant, marquer les relations qu'elle présente avec d'autres pays alors qu'elle en est fort éloignée, indiquer les hiatus et les disparitions de liaisons alors qu'elle présente des ressemblances remarquables, entrer en un mot dans bien des détails qui pourraient être considérés comme des digressions inutiles, des développements sans but. Qu'im-

RÉUNION. — SAINT-DENIS. LE SERRÉ DE LA RIVIÈRE SAINT-DENIS.

porte, si je puis, avec leur synthèse, ébranler les convictions et soulever à nouveau sur une terre française un coin du passé ! Qu'importe, si nous pouvons enfin entrevoir au tertiaire, dans nos régions du Sud, cet homme dont l'arrivée en Europe pendant le quaternaire nous est racontée par la linguistique, et dont la science a jusqu'ici découvert la trace dans les couches sédimentaires !

CHAPITRE PREMIER

Des mouvements du sol dans la mer des Indes.
Ses vieilles civilisations disparues.

Oui ! Tout est bien à découvrir dans notre hémisphère Sud, et tout d'abord dans le Pacifique et la mer des Indes, où l'homme de la civilisation moderne n'a paru que depuis quatre siècles. Avant ces quatre siècles, une race noire existait dans le Pacifique, mais complètement écartée du monde continental, ne connaissant, ni cherchant à se rendre compte d'où elle pouvait venir, isolée en des îles, sans communications, ignorant les secrets de la navigation moderne. S'il est vrai que l'Europe et l'Asie, qui constituent le plus grand fragment de la croûte terrestre actuellement exondé, ont été et sont toujours profondément affouillés et observés par la science européenne, s'il est vrai que les simples découvertes de cette dernière nous font voir, dans le passé, la mer séjourner sur ce grand massif pendant de longs siècles, puis s'en retirer, il est donc permis, il est même scientifique de penser qu'il en a été de même pour les immenses régions que recouvre le Grand Océan, et qui seraient alors dans leur période de submersion.

Or, pendant la période géologique précédente, ces mêmes terres actuellement inondées, quand elles se relevaient au-dessus des eaux, et paraissaient à la lumière féconde du soleil, ont eu assurément leur flore et leur faune ! Pour ne prendre que les enseignements de la paléontologie moderne, basés sur les observations des étages européens inondés pendant le secondaire et relevés au tertiaire, les mammifères d'ordre élevé n'y avaient commencé à paraître que pendant l'éocène au fur et à mesure qu'ils pouvaient y prendre pied suivant leur faculté d'adaptation. Et la science généralisant pensa que les mammifères n'avaient paru qu'à cette époque; et, le transformisme aidant, on crut que toutes les formes premières s'étaient améliorées et transformées pendant le miocène et le pliocène au point d'avoir produit l'homme que l'on ne rencontrait que dans les couches quaternaires. On ne croyait pas, on ne croit pas encore à l'homme tertiaire.

Pourtant, comme les grands mammifères retrouvés ailleurs depuis, l'homme, si ancien déjà dans les couches géologiques des continents actuellement étudiés, avait dû également paraître bien avant. Qu'a-t-il pu être, cet homme de l'époque précédente, de la région engloutie? Ne trouverions-nous pas ses restes et les traces de son habitat dans les rares îles trouvées inhabitées, lors de l'arrivée des Européens dans l'hémisphère Sud, derniers témoins de ces anciens continents disparus? Cette question s'impose absolument avec les récents travaux de Neumayr, Suess, Lapparent, Haug, etc., nous montrant, au secondaire et au tertiaire, là où se trouve la mer des Indes, le continent entrevu par Geoffroy St-Hilaire, continent immense, fertilisé d'un courant équatorial, et portant déjà sa faune et sa flore splendides.

Un examen de deux terres minuscules, Bourbon et Maurice, nous ébranlera, nous convaincra peut-être que de grandes découvertes paléontologiques et archéologiques sont encore possibles dans toute la région australe. La science européenne ne s'est nullement intéressée à elles jusqu'ici à ce dernier point de vue; et Dieu sait si ces îles sont déjà célèbres chez elle par leurs particularités biologiques!

Bourbon, île française, est celle appelée officiellement *île de la Réunion,* mais la science et ses habitants lui conservent son ancien nom; Maurice, île anglaise, est notre ancienne *île de France;* toutes deux se dénommant entre elles *Iles sœurs,* tant le souvenir et peut-être aussi le sentiment de la commune origine sont vivaces chez elles! Toutes deux sont en plein renom dans la science par les travaux remarquables des Commerson, des Dupetit-Thouars, des Bory de St-Vincent et autres. Ce sont ceux-là qui nous ont révélé la beauté et la richesse exceptionnelle de leur flore, leur faune ornithologique à grands sujets comme à Madagascar et à la Nouvelle-Zélande, la poussée puissante de leurs vieux volcans qui leur ont donné à travers les âges une base solide et concentrée sur les masses en fusion de l'intérieur! C'est la masse refroidie et contractée de leur base qui leur a permis de se maintenir au-dessus des flots malgré l'inondation générale qui les atteignait! La possession d'un tel faciès, malgré leur éloignement des continents voisins, malgré leur isolement sur l'océan, malgré l'exiguité de leur sol, c'est déjà l'indication d'une continentalité à travers les âges! La continentalité, mais ce fut la raison pour l'humanité qui s'y trouvait de se développer sous l'égide de pouvoirs forts et de longues durées au point qu'elle pouvait vivre en grande civilisation lors du bouleversement terrestre qui fracassa l'hémisphère Sud et y fit précipiter le Pacifique et la mer des Indes !

Au livre Ier du présent ouvrage, nous avons expliqué la croissance de notre planète, et l'extension qu'a prise la surface planétaire, au point d'avoir parsemé l'humanité avec ses îles dans le Pacifique; nous avons signalé la mobilité et la marche incessante de la croûte terrestre, si manifestes dans la mer des Indes et le Pacifique.

Depuis 1897, les craquements sinistres de cette croûte terrestre, d'une part aux Antilles et dans les autres régions méditerranéennes de la Terre, et d'autre part dans toutes les régions du Pacifique, comme aussi les grandes révélations de la sismographie, sont venus nous offrir de bien solides arguments à l'appui de ma thèse. Les terres, avais-je dit, comme les espèces qu'elles portent, se sont, dans le passé de notre planète, éloignées ou rapprochées entre elles, par le seul fait des mouvements de la croûte terrestre. Tantôt ces terres se sont surélevées au-dessus des flots comme actuellement en se massant dans le Nord; tantôt d'immenses régions, comme le continent disparu de la mer des Indes, ont été recouvertes par eux. Ce sont là les grandes révolutions physiques que le génie de Cuvier a entrevues comme certainement marquées à travers nos couches géologiques. Ce sont là ces mêmes révolutions d'un passé bien lointain, auxquelles la civilisation européenne ne voulait croire, bien qu'elles servissent de fondement à toutes les vieilles traditions de l'Orient, de l'Égypte, de l'Inde, de la Chine, des pays des bords du Grand Océan en un mot.

La Chine, ai-je osé dire, avec sa nature étrange « des pieds à la tête (1) », ainsi que nous le montrent toutes les sciences physiques et naturelles, serait notamment un monde ayant vécu dans l'espace comme la Terre, et qui se serait associé à elle. Les habitants du Céleste empire rapporteraient donc une tradition vraie !

La Chine et la Terre, ai-je pensé, dans leur mouvement autour du Soleil et l'une tournant autour de l'autre comme la Lune actuellement, se sont rapprochées et abordées, comme deux masses flottantes navigant sur un même courant rotatoire et s'accostant. Dans cet abordage, elles se sont jointes sans se détruire totalement, ne perdant leurs espèces propres qu'aux régions de contact et les unissant ailleurs. Et la masse moindre, la Chine, en s'incrustant dans la plus grosse, la Terre, a amené forcément, chez celle-ci, des écrasements, des déformations, des écartements des soulèvements, des affaissements et surtout la grande fracture dont le point de départ est aux îles Aléoutiennes et l'éventrement au Grand Océan. Tel, le boa digérant, on suit, à l'écartement de son tissu, le parcours que fait la victime engloutie !

Cet avènement sidéral, le plus récent qu'ait subi la Terre, est la cause d'une de ces grandes catastrophes que les vieilles traditions du Levant rapportent, que la science de Cuvier a aussi entrevues, et dont nous pouvons encore constater les effets dans l'hémisphère Sud.

Comment ne pas admettre qu'un tel événement n'a pu survenir sans produire une orientation nouvelle dans le clivage moléculaire de la croûte terrestre qui, tantôt, a dû se contracter par la pression ou s'étendre par la poussée. N'y aurait-il donc pas, pour expliquer le relief si tourmenté de la Terre, divers ordres de mouvements bien caractérisés et bien différents? L'un ayant produit, aux différents âges de la Terre, des bombements, des compressions dont les plis et replis sont dans le sol et finissent en montagnes au sommet, c'est le mouvement *epeirogénique* décrit par Gilbert; un autre aurait au contraire produit des affaissements, c'est de *l'eustatique*, a dit Lamothe.

(1) É. RECLUS.

De ce que chacune de ces formations ait un nom, nous ne sommes guère avancés, puisque la raison n'en est pas donnée; mais, à ce compte, il y a un autre mouvement bien puissant, bien caractérisé, que nous autres insulaires du Grand Océan, nous sommes seuls à bien observer, c'est celui qui produit cette extension de la croûte terrestre, ce voyage des grandes masses continentales, cet éparpillement de bribes sur leur passage, soit la dispersion du menu royaume, comme l'entrevoyait O. Reclus, soit la dispersion des Mascareignes et autres. Pour celui-là, il faudrait ajouter un mot à la terminologie géologique, et dire que c'est de la *tendogénie* (1).

Ne peut-on pas alors, en raison des mouvements de la Terre, en raison de leurs conséquences mécaniques, non pas seulement sur les eaux et l'atmosphère, ce dont se préoccupent seulement nos physiciens, mais aussi et surtout sur la masse en fusion de l'intérieur, où flotte la croûte terrestre, ne peut-on pas, dis-je, reconnaître que dans notre hémisphère Sud, partie voisine de l'abordage cosmique, les terres, en s'étendant, en s'écartant, en voyageant, en faisant de la compression à l'avant, et de l'attraction et de l'entraînement à l'arrière, aient soulevé des montagnes, créé des bassins, affaissé leurs bords vers les lignes de fracture, éparpillé sur leur route leurs fragments, dispersé par suite leur flore, leur faune, leur humanité? Et n'est-ce pas ainsi que nous retrouverions, aujourd'hui, ces parcelles du « menu royaume indien (2) » dans leurs écartements et leurs affaissements, avec la même nature, les mêmes espèces, la même humanité parlant toujours la langue originale, puisque, depuis ce bouleversement géologique, les terres dispersées et flottant sur l'océan sont restées dans un état complet d'isolement, sans communication entre elles et avec d'autres fragments de la croûte terrestre.

Mais dans la première partie de mes « Révélations », je n'avais suivi que le malayo-polynésien, l'homme incivilisé qu'on rencontra partout au xvi⁰ siècle, à la suite de Vasco de Gama, dans les îles Océaniennes. Cet homme, ai-je dit, ne serait-il

(1) Du grec *teinô*, étendre.
(2) O. RECLUS.

pas le descendant le plus direct de l'homme tertiaire tant recherché dans les couches géologiques de l'Europe et de l'Amérique ! N'est-ce pas un cataclysme des débuts du quaternaire qui l'aurait ainsi isolé en ses îles? Aujourd'hui, je vais plus loin: ne trouverions-nous pas, dans ces régions inondées où les conditions biologiques ont été bouleversées et sur une terre quelconque déjà exondée au tertiaire, la preuve de son existence et de son passage?

À défaut de fossiles emprisonnés dans des couches anciennes si nous y découvrions des traces de travaux humains, dont le modelé ne peut provenir de l'homme moderne, n'aurions-nous pas ainsi la preuve qu'ils sont antérieurs à la grande révolution du globe qui ouvre la période du quaternaire, n'aurions-nous pas la conscience de la préexistence de cet homme? L'avenir des découvertes sensationnelles dans cet ordre d'idées n'est plus à la jeune Europe; sa science, au xxe siècle du Christ, avoue son impuissance à se reconnaître dans « l'hypothétique Pacifique »; cet avenir est à toutes les régions australes de la Terre que l'Européen a mis tant de temps à observer et à connaître, et qu'il finira pourtant, il faut le dire à sa louange, par entrevoir sous leur vrai jour; mais, pour l'heure, il est encore dans la période de l'hésitation et du doute, parce qu'il ne les fréquente pas et ne voit pas, en somme, le revers de la Terre.

Quand le premier Européen franchit l'Équateur en faisant le périple de l'Afrique, il ne vit plus l'astre du jour à son cours ordinaire: le soleil lui parut avoir changé de place ! Hérodote, qui rapporte l'impression du voyageur, ne doute pas de ce voyage de circumnavigation, ce que nous admirons le plus de nos jours; mais il ne peut admettre que le voyageur ait pu voir le soleil du côté opposé où il était la veille, ce que nous trouvons au contraire tout naturel aujourd'hui avec notre meilleure connaissance des choses astronomiques.

À leur tour, les historiens modernes, encore sous l'empire de l'enseignement biblique, ont douté de ce qu'Hérodote nous rapportait, d'après le prêtre Manéthon, sur la chronologie des dynasties et des rois de l'Égypte. Les faits rapportés remontaient en effet à des vingt mille ans en arrière. Nous les acceptions comme des faits fabuleux. Et pourtant, depuis plus d'un siècle que la France, à la suite de Bonaparte, a pénétré dans cette mystérieuse Égypte, et après lui dans le Sud-Est de l'Afrique, à quelles découvertes, révolutionnant les idées sur les civilisations passées, n'est-on pas arrivé avec la science des Champollion, avec les observations et les études de nos hardis explorateurs (1)?

Après les dernières cataractes du Nil, la limite suprême de l'Égypte ancienne, on remonta de plus en plus dans le cœur de l'ancienne Lybie, de tout temps aux populations barbares, pensait-on.

Et partout là on se heurtait à des traces de puissante civilisation en partie fossilisée. Çà et là des colosses de pierre, ensablés, des suites d'obélisques et de pyramides, des débris de villes, de zodiaques établis sur terre, sous terre ou dans la montagne. Les grands débris de Thèbes, de Memphis, de Méoré n'étaient plus rien comme antiquité; d'autres avaient été leurs précurseurs, et la civilisation préhistorique était partie des régions australes de la terre, elle avait passé par toutes ces régions de la basse Afrique; là, les affouillements pour la recherche de l'or, révèlent aujourd'hui des travaux humains, d'une antiquité étonnamment reculée. C'est de là qu'elle était descendue vers la Méditerranée !

A voir le long du Nil l'enfouissement de toutes ces cités, anciennement habitées, dont les sommets sont seuls aperçus çà et là aujourd'hui, on sent que ce ne sont pas des ravages de Barbares qui ont détruit et enseveli sous des sables tout ce passé de puissance et d'éclat. Il y a eu autre chose : les grandes révolutions physiques qui ont fracturé l'écorce terrestre, changé le cours des fleuves, abaissé les montagnes, soulevé les eaux de la mer et les sables des déserts, déplacé les glaces polaires, brisé le continent où se trouvaient Maurice et Bourbon, tous les grands mouvements de la nature dans le passé ont été

____

(1) Pour ne citer qu'un exemple, par les sondages opérés dans la vallée du Nil, Bumeister a pu évaluer l'âge de l'homme en Égypte à 72.000 ans (ZABOROWSKI). Et cette évaluation ne sera rien quand bientôt nous reconnaîtrons, sur les bribes de l'ancien continent austral, le passage d'une humanité tertiaire.

d'autres moyens de destruction des cités prospères que les
armées de mille fois mille hommes, les chariots et les éléphants innombrables que les conquérants traînaient à leur suite
et dont Hérodote nous parle.

Mais quand l'humanité était arrivée à ce haut progrès, qui
lui permettait, par le façonnement et l'édification de la pierre
travaillée, d'éterniser sa pensée, de marquer son histoire et
d'élever son âme vers les cieux, de combien de siècles devait-
elle être déjà vieille? A combien de révolutions du globe avait-
elle dû assister? A quelles luttes sans cesse renouvelées s'était-
elle livrée sur terre pour se perfectionner, pour triompher des
éléments et des êtres qui lui étaient supérieurs en force, et
pour régner par la pensée? On peut se rendre compte de l'étendue de cette civilisation en la rapprochant de l'état de pros-
tration et de barbarie où on a trouvé de nos jours les populations restées isolées sur les terres océaniques. Et alors tout ce
monde océanien et dispersé aurait donc vécu dans cet état
prostral pendant tout le quaternaire, si l'écartement et le bouleversement du sol dans le Grand Océan remonte au grand
cataclysme géolique qui a mis fin au tertiaire !

Allons plus loin : sans courir pour l'heure jusqu'aux îles de
Pâques, au Mexique, au Pérou, où se trouvent aussi de grands
travaux de la pierre d'un âge préhistorique qui reste jusqu'ici
inexpliqué, franchissons l'ancienne mer Erythrée qui servait
de borne à tout ce monde de la vieille Lybie, Égypte, Éthiopie, Nubie, etc.: nous rencontrons l'Asie Mineure et la basse
Asie qui nous ont aussi gardé les traces de bien vieilles civilisations (Lydiens, Hétiens, Phrygiens, Syriens, Phéniciens,
Assyriens, Chaldéens, Mèdes, Persans, etc.). Et tout ce monde
de l'antiquité s'était ressenti, lui-même, d'une autre civilisation plus vieille, touchant sans doute aux bords du Grand
Océan, comme celle de l'Inde.

Partout, dans ce monde, se montrent mieux encore que dans
l'ancienne Lybie les grands travaux de civilisation primitive
qui ont précédé l'époque égyptienne, ceux de la pierre modelée;
je veux parler de ces travaux dont l'énormité étonne, où
l'homme a d'abord appliqué son génie, sa force et sa puissance
à utiliser le roc montagneux pour s'y creuser des demeures,

des palais et des temples, pour sculpter ensuite sur les parois façonnées dans le roc, les monstres qu'il avait dû combattre, et les êtres bienfaisants dont il voulait perpétuer le souvenir. Là, les toitures, les plates-formes, les terrasses, les colonnades, les sculptures sont creusées dans le sol; et des blocs énormes sont réunis sans ciment ni mortier et justaposés d'une façon inconcevable. « Solitaires et uniques dans leur genre, — dit M. Heeren (1), en parlant de ces vieilles constructions, elles s'élèvent au-dessus de l'océan du passé qui a englouti tous les monuments d'alentour et a soustrait à nos regards depuis bien des siècles Babylone et Suse. Leur vétusté et la majesté de leur forme commandent la vénération; leur architecture excite la curiosité même du voyageur indifférent. Ces colonnes n'appartiennent à aucun genre connu, ces alphabets et inscriptions allégoriques, ces animaux fabuleux qui se trouvent à l'entrée, cette quantité d'allégories et de figures qui couvrent les murs, tout nous ramène à une haute antiquité, et à ces régions faiblement éclairées par la lueur incertaine des traditions de l'Orient ». Oui, en vérité, devant ces titanesques travaux d'un passé inconnu, que sont les cavernes préhistoriques de notre vieille Gaule dont nous nous préoccupons tant?

Maintenant, si l'on continue jusqu'à l'extrémité méridionale de l'Inde, si on descend l'escalier gigantesque des montagnes du Dekkan qui mène aux profondeurs de l'Océan, on sent qu'ici la mer cache les mystérieuses origines de ces mondes. Déjà le temple immense de Madras, le plus ancien et le plus réputé de tous, taillé lui aussi dans le roc avec cinq grandes nefs, surnage en pleine mer, au milieu d'une ville recouverte par les eaux. On sent aussi que des rivages abaissés de Madras les premières notions philosophiques et religieuses sont parties de ces régions aujourd'hui recouvertes par les flots, se sont propagées avec élan dans la direction du Nord-Ouest. M. Reclus donne une carte de 39 temples souterrains dans le Dekkan, tous sans histoire !

Il cite notamment, sur les bords d'un affluent de la Goda-

______

(1) *Commerce et politique des anciens*, trad. française citée par Lebas.

véry, les fameux temples souterrains d'Ellora qui se succèdent sur quatre kilomètres de longueur, soutenus quelquefois par des sculptures d'éléphants, de lions et d'animaux inconnus; là tout un monde de figures s'agite sur les parois. Dans le Nord du Dekkan, on a les mêmes temples qui se succèdent le long des monts d'Adjanta et d'Indhyadri, et dans le Sud on a encore sur la rive droite de la Kistna, près de Darnakata, les nombreuses buttes d'Amravati ornées des plus curieuses sculptures, et dont la caractéristique aussi est que la pierre s'est trouvée *découpée comme une broderie*, en représentant des animaux sacrés tels que le serpent, le cheval.

Il ne s'agit dans tout ceci que du Dekkan, c'est la fin de l'Inde à l'Océan; mais dans le Sud et tout près d'elle, des terres surnagent encore sur l'Océan : c'est Ceylan, ce sont les Maldives où le seigneur se fait encore appeler le roi des 12.000 îles comme si elles existaient encore de ce nombre au-dessus des flots ! Nous sommes là encore sur le chemin de la pierre travaillée, sans chaux ni mortier, renforcée, il est vrai, par le brahmanisme et le bouddhisme, de travaux postérieurs, pour des temples gigantesques ! On peut les retrouver dans les ruines de Pollanarona, d'Anavadjapoura, sur le mont sacré de la Samanala. M. Élisée Reclus fait observer qu'à Ceylan, comme dans le Dekkan, les montagnes, où ont été découpés, arrondis, façonnés les monolithes considérables consacrés par la foi de ces premiers croyants, sont le plus souvent constituées *par un gneiss semblable à celui de Madagascar*, « la roche indestructible symbolisant la foi ». A côté de ce gneiss, il signale aussi de *la latérite*, et cette latérite se retrouve aussi à Madagascar ! Il signale encore des étendues considérables de *trapp*, surtout dans le Dekkan. Et ce trapp, dont on ne s'explique pas encore la projection sur terre, *nous le retrouvons aussi à Bourbon formant la base de déjections volcaniques plus récentes* et que le Dekkan ne connaît pas.

Et à chaque fois que M. Élisée Reclus rapporte ces faits surprenants de montagnes travaillées et affouillées par les humaniens passés, il fait observer que pour l'exécution de ces immenses édifications, il a fallu un déplacement de force et de pouvoir chez l'homme aussi considérables que pour les plus grands travaux de l'Égypte. Et en les observant

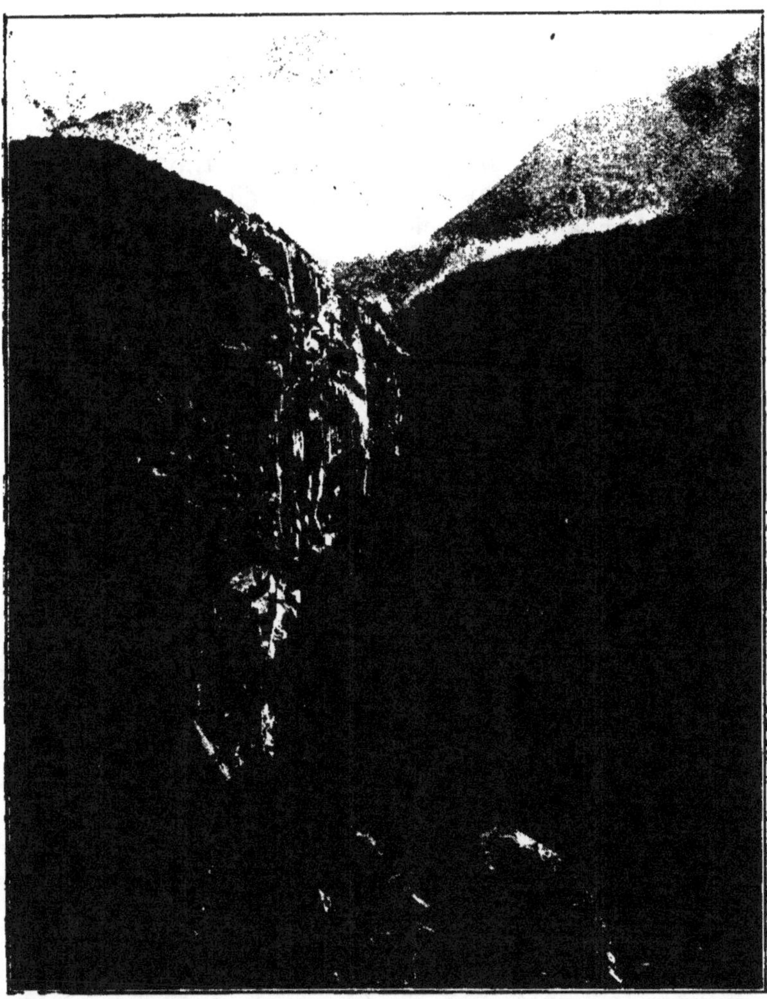

GRANDS ÉPANCHEMENTS TRACHYTIQUES DANS LE CIRQUE DE CILAOS.
(PHOTOGRAPHIE U).

et les admirant, tous se demandent ici par quels procédés, avec quels instruments, par quels moyens de traction, ces géants d'un passé irretrouvable, ont procédé pour arriver à couper des montagnes d'une seule pièce, à les convertir en dômes, en étages, en murs abrupts, bouleversant ainsi toutes les données de la géologie qui pourraient nous permettre de suivre aujourd'hui la formation de la roche !

Et si, quittant le Dekkan et Ceylan, nous continuons notre course dans le Sud, nous pouvons suivre à travers les mers des traînées merveilleuses de milliers d'îles, longitudinales comme l'Arrakan indochinois, comme l'Ankaratra malgache, rectilignes comme des chaussées préhistoriques de la Manche émergeant des flots, ce sont les Maldives, les Chagos, etc., dernières épaves des anciennes Indes écroulées, dernières routes peut-être qui les mettaient en communication avec les mondes du Sud disparus. Là, est le passé englouti de toute la civilisation tertiaire que nous révèlent ces gigantesques travaux de la pierre !

Puis après, en ligne directe devant nous vers le pôle austral, plus rien comme terres ! La croûte terrestre a sombré ! C'est la mer, la mer seule avec des profondeurs énormes marquant au Sud les écartements de terres dont les charnières sont au Nord.

Mais dans le Sud-Ouest, contre l'Afrique, nous trouvons encore des vestiges de la pierre travaillée, et c'est peut-être le point de départ de toutes les constructions préhistoriques de l'Inde. C'est là que, comme un monde étonné de survivre aux autres, gisent l'île de Madagascar et plus de cent autres qui l'entourent, Amirantes et Seychelles, Bourbon et Maurice notamment. Il s'est trouvé, dans la nature de ces deux dernières au XVe siècle, à l'arrivée des Européens, un parfum, un charme, un coloris qui n'ont jamais trompé ni le marin, ni le voyageur, ni le géographe, ni le naturaliste. On n'ose leur trouver des rapports avec les terres du Pacifique et l'Amérique, c'est si loin ! On est tenté tout d'abord, de tout rapporter à l'Inde, comme Commerson; on se ravise, on leur trouve plutôt une nature spéciale et caractéristique, une flore si belle et si riche que les observations éveillent l'attention et qu'elles deviennent la clef de découvertes considérables dans toutes les branches d'histoire naturelle.

Geoffroy St-Hilaire, le premier, y vit avec Madagascar, l'indice d'un continent disparu, et tous depuis d'accepter l'hypothèse comme justifiée. Quand les théories évolutives de Lamarque avec Darwin, battirent leur plein, Ernest Haeckel y vit le berceau du genre humain et le point de départ de la dispersion des races. « Depuis que la vie humaine existe sur la surface de la Terre, dit-il (1), c'est-à-dire depuis tant de millions d'années, la terre et la mer se sont perpétuellement disputé la souveraineté. Des continents et des îles ont été engloutis sous les flots, d'autres en ont surgi... A la place de la mer des Indes était un continent s'étendant le long de l'Asie méridionale, de l'Afrique et de la Malaisie. Ce vaste et ancien continent a été appelé Lémuria par l'anglais Sclater, d'après les makes qui caractérisent sa faune. Son existence est d'un grand intérêt. C'est là que vraisemblablement fut le berceau du genre humain. C'est là que très probablement l'homme se dégagea de la forme simienne anthropoïde. »

Hæckel fut combattu vivement au point que ses données ne prévalurent pas, mais il fut combattu non pas pour sa dernière conclusion qui répondait aux goûts évolutionnistes de son époque; mais parce que sa théorie de la propagation des races à travers des continents qui n'existaient plus, supposait trop de bouleversements à l'écorce terrestre, « trop de changements dans l'équilibre planétaire », en d'autres termes, trop de choses qui viennent d'être découvertes après lui par nos géologues du moment. Boileau ne pensait pas que sa parole aurait une portée si haute quand il disait que « le vrai peut quelquefois n'être pas vraisemblable ».

Depuis 50 ans que ces discussions se produisaient au sujet du continent indien supposé, que de choses avons-nous apprises

____

(1) *Histoire de la création.* C. Reinwald, Paris, 1874.

sur le passé mystérieux de la Terre ! Il n'y a pas que l'homme préhistorique qui ait paru en Europe. Toutes les sciences qui tiennent à la géologie et à la paléontologie, les nouvelles surtout, qu'elles s'appellent biologie, zoogéographie, paléogéographie, orogénie, tectonique, géophysique, etc., n'ont tendu qu'à mettre en lumière, ce fait éclatant d'un continent préhistorique fossilisé, d'un continent austral ayant vécu de la vie terrestre avec ses espèces botaniques pendant le

LA PLAINE DES SABLES ET LE MORNE DE LANGEVIN.

« Je n'ai jamais rien vu de plus beau comme régularité et comme éclat. Un mystérieux râteau semble avoir passé sur cette immensité. »

secondaire. Bourbon et Maurice, dont les pieds sont actuellement inondés, étaient des monts sacrés de ces terres déjà habitées !

Mais ce n'est pas tout d'énoncer des données qui restent dans le domaine hypothétique, tant qu'elles ne s'étayent pas de toutes les circonstances frappantes de leur nature ambiante. « L'étude des mouvements d'ensemble, dit M. de Martonne, est la partie la plus neuve de la tectonique et celle dont le développement intéresse le plus la géographie. Nous sommes ici, ajoute-t-il, sur le seuil de tout un monde de questions nouvelles encore insuffisamment éclaircies. »

M. de Martonne ne pouvait mieux indiquer le travail de l'avenir, ni mieux préciser les désiderata de la science en pareille matière. Permettons donc franchement à notre raison, dans cette recherche de la vérité, dans cette constatation des fracassements de la croûte terrestre et de l'écartement étrange qui les accompagne de sortir de l'ornière battue et de soulever des aperçus nouveaux.

Faisons-les donc découler de toutes les particularités que nous autres, insulaires de la mer des Indes, nous pouvons observer sur ces épaves respectables qui jouissaient déjà de la lumière féconde du soleil et portaient les plus belles plantes, les plus beaux animaux quand l'Europe était encore sous les eaux; offrons notre modeste contribution à la recherche de l'inconnu, ne craignons pas de parler de ce qui nous paraît étrange. Et si, sur ces débris tertiaires des mondes disparus restés isolés et non habités pendant tout le quaternaire, nous trouvons des manifestations du génie de l'homme et des travaux qui ne peuvent provenir que de lui, l'homme véritable, aussi bien constitué que celui du xxᵉ siècle de Jésus, n'ayant rien du gorille et du chimpanzé d'Hæckel, aurait été parfaitement tertiaire, si ce n'est secondaire comme tous les autres mammifères.

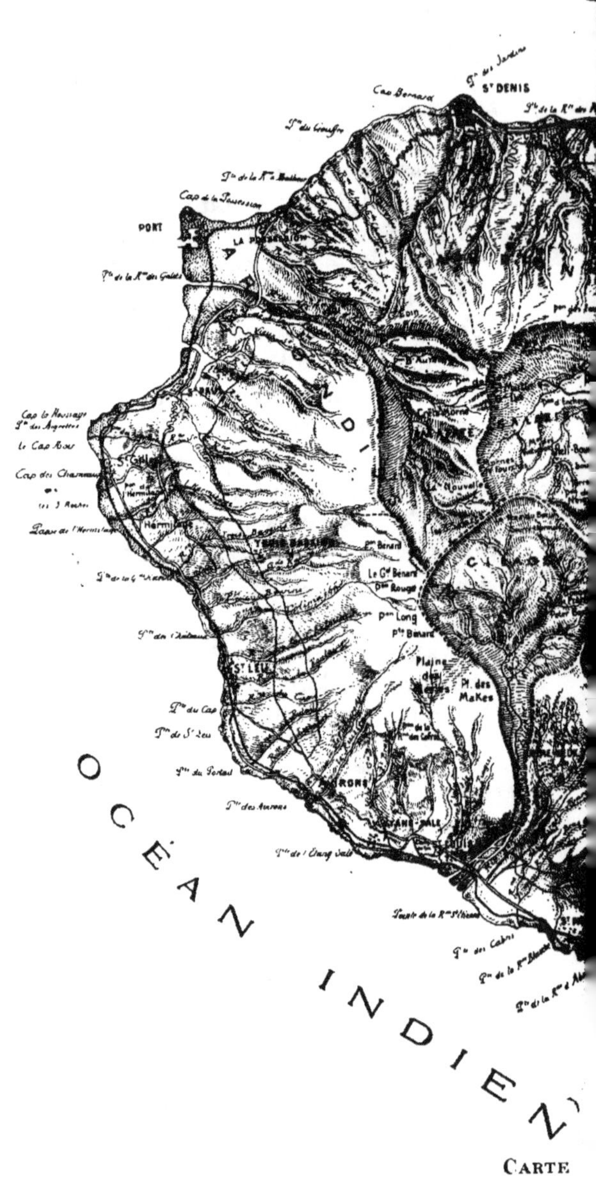
OCÉAN INDIEN
CARTE

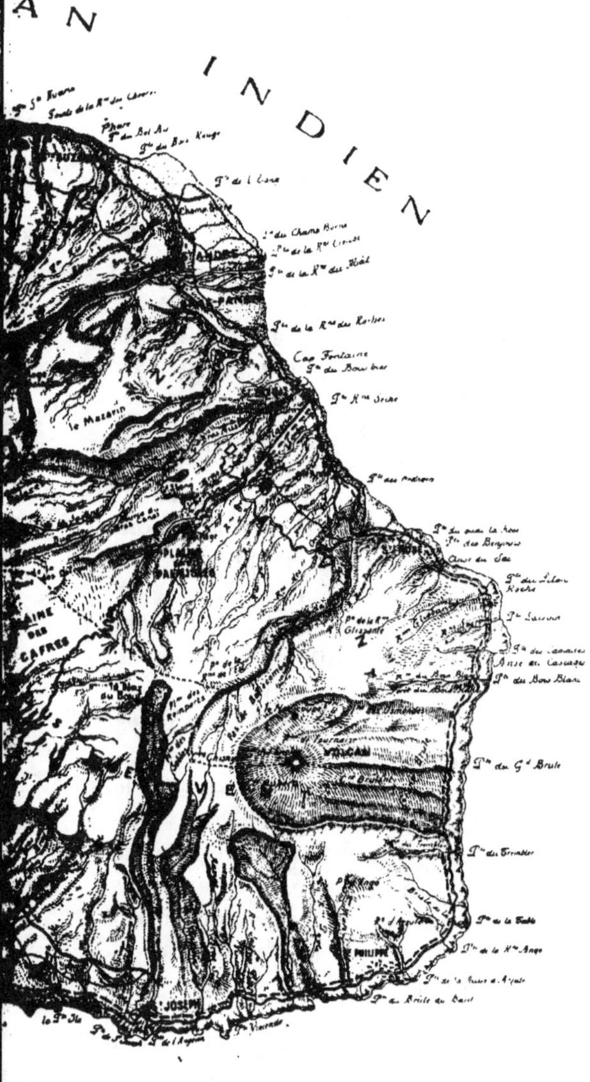
OCÉAN INDIEN
RÉUNION.

CHAPITRE II

Nature étrange des îles Bourbon et Maurice.

Dans la « Colonisation de l'Ile Bourbon (1) », où j'ai parlé des origines de nos deux îles Bourbon et Maurice trouvées inhabitées lors de leur découverte, je disais que les voyageurs des xvie et xviie siècles, en les parcourant, avaient été surpris de n'y trouver aucun être malfaisant; je ne parle pas de ceux du xiiie et du xive siècles qui n'ont laissé que des indications côtières pour ces îles sans mention d'atterrissement ni de séjour. On se rend compte de la vague appréhension dont est dominé le voyageur lorsqu'il pénètre dans une région inconnue, montagneuse, lacérée de ravins et de rivières, couverte dans toute son étendue d'une végétation épaisse; il ne sait ce que le sol incertain et l'animal inconnu lui réservent. Et dans ces îles, ce voyageur revenait toujours heureux et ravi de ce qu'il avait vu et découvert sans aucun danger encouru. Au milieu d'une flore luxuriante, les espèces animales qu'on rencontrait, étaient inoffensives. Les gros oiseaux, dont le centre de création est aujourd'hui dispersé sur le Grand Océan et s'est retrouvé tant à Bourbon qu'à la Nouvelle-Zélande, se laissaient approcher et prendre à la main, comme s'ils avaient toujours vécu sans ennemis et comme s'ils avaient été domestiqués par l'homme! Les tortues rappelant des espèces retrouvées aux îles Aldabra, à Madagascar et dans l'Amérique du Sud, y circulaient à foison dans la paix la plus profonde. Mais c'était à peu près tout!

Voisines de Madagascar qui se distingue par ses grands et remarquables animaux, les Mascareignes rappelaient les terres du Pacifique par la pauvreté de leur faune, par l'absence des mammifères terricoles, sauf un terrien, un échidné des

(1) Delagrave, éditeur, Paris, 1900.

hauts plateaux, le taurec dont l'existence n'a pas été constatée dès le début, sauf aussi les rats nomades qui pullulaient ici
comme ailleurs; elles rappelaient la Nouvelle-Zélande, la
Nouvelle-Calédonie par leurs rares spécialités, telles que les
grosses chauves-souris, les lézards, les myriapodes, les scor-
pions, les araignées, etc. Il est à remarquer surtout que toutes
les particularités géologiques et animales de Bourbon sont
les mêmes pour la Nouvelle-Zélande : même sol fracassé et

MASSIF DU GROS MORNE, PORTANT LE PITON DES NEIGES NON VISIBLE.
VU DE SALAZIE.

Le premier gradin indique le petit plateau de Terre-Plate où des cerfs furent
abandonnés en peuplement. Le Morne de Salazie domine ici. Derrière Terre-
Plate, commence la rivière Dumas.

fractionné, pas de serpents, mais des lézards, absence de
mammifères, sauf un terrien, rares poissons d'eau douce, sauf
une anguille; en abondance, grands oiseaux et une espèce
sans ailes, etc. Rien, absolument rien des grandes terres
qui leur étaient proches ! Aucun didelphe de l'Australie, aucun
carnassier de l'Inde et de l'Afrique, aucun des grands reptiles
qui se montraient partout à Madagascar ! Pas de trace d'habi-

tation humaine ! On pouvait alors dire des Mascareignes ce qu'on a cru et ce qu'Élisée Reclus disait de Madagascar : « On n'a point trouvé d'armes ni d'instruments de pierre à Madagascar, ce qui justifie l'hypothèse d'après laquelle l'île serait restée inhabitée jusqu'à l'immigration de colons déjà demi-civilisés. »

Mais, d'un autre côté, si Maurice et Bourbon étaient dénuées des grands animaux du voisinage, si elles étaient dépourvues de toute population humaine, lors de leur découverte, on pouvait pourtant présumer que l'homme dans un passé quelconque y avait longtemps séjourné puisqu'elles étaient purgées de tout être malfaisant ! Et rien dans la période historique qui pût nous faire supposer une importation humaine dans le passé !

Cette considération biologique contribuait déjà, dès la découverte, à augmenter les remarquables rapprochements qu'on faisait entre les deux îles malgré la distance de 245 kilomètres qui les sépare. Elles avaient bien toutes deux des rapports avec les autres terres qui les entouraient, Madagascar, Seychelles, Rodrigue ; mais ce n'était pas l'identité frappante qui existait entre elles, mêmes rivages à roches noires avec émergements de coraux, quelquefois de sables blancs ou noirs, même terroir, mêmes montagnes, même gramen, mêmes arbres, même senteurs des bois, mêmes êtres bons et doux ! Et alors que, dans nos recherches paléogéographiques, les genres botaniques, avec le caractère sédentaire qu'il faut leur reconnaître, devraient, avant tout, être des indicateurs souverains, on préférerait toujours s'émouvoir d'une particularité de faune. Ainsi, pour ces îles douées du plus beau couvert forestier du monde, c'était surtout leur faune étrange et inoffensive qui leur faisait attribuer une origine commune. Après tout, au simple point de vue du faciès, nos marins et nos voyageurs, comme Geoffroy St-Hilaire, avaient eu semblable impression ; ils appelaient Maurice et Bourbon *Iles Sœurs* malgré la distance qui les séparait et bien que, de leurs plus hauts sommets, elles pussent à peine par beau temps s'apercevoir !

Ces marins et ces voyageurs, en franchissant le canal qui les sépare, scrutaient involontairement les profondeurs de l'abîme, et ils n'avaient pas été sans remarquer les différentes teintes,

que prenait ici la plaine liquide, passant du bleu de la Méditer-
rannée à toutes les teintes du vert. Aujourd'hui, l'aéroplane
qui passerait sur toutes ces régions, suivrait bien mieux
les tons variés que présenteraient à sa vue les montagnes,
les vallées, les plateaux, les prés de ces terres englouties, se
détachant sous les rayons du soleil.

Aussi quand vinrent les études des fonds de mer auxquelles
se sont livrées différentes nations de l'Europe, l'attention se
porta-t-elle principalement sur cette partie de la mer des Indes,
où la nature avait paru si étrange, où tout un continent, disait-
on, avait disparu; déjà, c'était légende ! Les cartes géogra-
phiques nous donnent bien aujourd'hui une teinte générale des
profondeurs et des élévations des parties inondées de la Terre,
mais aucune n'a été relevée avec autant de soins et aussi souvent que la région occidentale de la mer des Indes. Bien plus,
quand les publications ne donnent pas la bathymétrie générale
de la planète, dans un coin quelconque de l'ouvrage, on rencontre spécialement celle des Mascareignes, et toujours avec
un fini parfait dans l'exécution du plan.

Qu'on observe et médite alors le modèle du fond : on voit
poindre, commme sous le grossissement d'un verre, toute cette
masse qui se relève pour nous donner l'idée de ce qu'elle fut
hors des eaux. Et ce qui frappe surtout, c'est qu'on l'aperçoit
longitudinalement comme Madagascar, la Nouvelle-Zélande,
Sumatra, les monts de l'Indochine et de l'Inde. Il y a évidemment des variantes dans leur direction générale ; il nous les faudra
raisonner puisqu'elles paraissent toutes appartenir à un même
système de fractionnement et de déformation de la croûte
terrestre, spécial à cette partie de l'hémisphère Sud. Les
chaînes de l'Indochine, courant Nord-Sud, avec un certain
ensemble comme celles de l'Afrique orientale, nous donnent
mieux l'idée de ce fractionnement primitif.

Mais ce socle resté longitudinal comme celui de Madagascar,
son frère, a cela de particulier : c'est qu'il ne reste plus au-dessus des flots, il disparaît ! Pourquoi dès lors cette différence?
quand les volcans de Madagascar prenaient naissance à
1.500 mètres d'altitude sur une croupe granitique surélevée?
Ici rien de pareil, la masse granitique ne se voit plus; de rares

pointes volcaniques seules émergent; ne faut-il pas penser qu'il s'est produit pour ces autres terres un abaissement du sol d'environ 1.500 mètres au moins? Et, en suivant le relevé bathymétrique à partir de ce socle des Mascareignes, on constate, en allant dans l'Est, que la croûte terrestre, sans aucun émergement au-dessus des eaux, s'abaisse de plus en plus jusqu'à des distances considérables. On tirerait une ligne directe soit des Mascareignes jusqu'à l'Australie, la Tasmanie et la Nouvelle-Zélande, soit de Ceylan jusqu'aux terres antarctiques, c'est-à-dire sur un quart environ de la circonférence terrestre, qu'on ne rencontrerait aucune terre, la mer toujours, la mer de plus en plus profonde !

Les lignes bathymétriques, dans l'Est de la mer des Indes, ne sont pas relevées avec autant de précision que dans l'Ouest, mais on voit partout indiquées ces grandes fosses qui précèdent l'Australie et pour lesquelles on marque une profondeur moyenne de 6.000 mètres. Il est probable qu'on en relèvera de plus grandes par la suite, s'il faut en juger par celle trouvée au Sud de la Sonde par le capitaine Ringgelo, 14.000 mètres, soit la plus forte relevée jusqu'ici (1).

Ce grand déclanchement de la croute terrestre, sur une étendue aussi considérable, son abaissement sous les eaux qui serait ainsi de près d'un tiers de l'épaisseur qui lui est assignée, nous font voir que nous sommes bien loin de l'uniformité et de la régularité qu'a eues à l'origine, dit M. Daubrée, cette croûte terrestre de 50 kilomètres environ.

Il faut supposer qu'un bouleversement formidable a dû amener la disparition de toutes les espèces qui y vivaient; et il est par lui-même l'indice d'une révolution qui compte dans l'histoire du globe. Il est naturel d'en déterminer la date par celle que nos géologues assignent au mouvement orographique des régions environnantes.

Un rapide coup d'œil sur ces régions nous donnera une idée de la grandeur du phénomène d'écrasement qui s'est produit. Et je ne puis mieux faire, en commençant, pour dépeindre le désordre qui en est résulté, que de citer un croquis hypso-

____

(1) FLAMMARION, RECLUS, ZABOROWSKI, etc.

métrique donné par M. Louis Rousselet, dans l'atlas Schrader (1), pour les monts de l'Inde et de l'Indochine. Le géographe ici ne présente aucun commentaire du dessin qu'il
donne; on sent qu'il est frappé, et il laisse son lecteur se pénétrer de l'impression que lui donneront les festons, les courbes,
les brisures de ce massif montagneux. De l'avis de tous les
géologues d'ailleurs, ce système de formation de l'Altaï et de

La Plaine des Palmistes et la Petite-Plaine.
La Plaine des Palmistes? -- Une profonde vallée: un col étroit.

toute l'orographie voisine ne ressemble à rien de ce qu'on a
observé dans les Pyrénées, les Alpes, les Karpathes et autres
montagnes étudiées. Il y a eu là un ensemble de forces qui a
agi simultanément et diversement, et il n'est pas mauvais
d'arrêter quelques instants notre attention sur les particularités de ce qui reste de tout un monde englouti. C'est là que les
dernières découvertes géologiques nous font entrevoir le grand
continent austral du secondaire et du tertiaire

(1) V. le tableau du chap. *Relief du sol,* carte 4, Atlas Schrader.

CHAPITRE III

Le fracassement de l'ancien continent n'a pu se produire que par des causes indépendantes de la dynamique terrestre.

Nature étrange du monde indien.

Himalaya. — Au Nord de ce croquis, l'arc de cercle indique la courbe frappante des montagnes de l'Himalaya perchées à 9.000 m. de hauteur sur l'Inde et l'Indochine. Elles constituent, dit-on, une formation récente en raison des sédiments qu'on y rencontre et qui appartiennent aux diverses phases de l'époque tertiaire. Je me suis longuement étendu dans mon livre Ier, sur la courbe astrale et sur les particularités de ce massif montagneux qui m'ont fait penser que la Chine était une petite lune annexée à la Terre; je n'y reviendrai pas. Je veux simplement relever certains autres détails de l'orographie générale actuelle, qui peuvent faire penser que l'orographie première, dans cette partie de la Terre, a été bouleversée par les premiers frôlements d'une masse annexée, et par suite que la survenance de cette masse sur la Terre n'a pas été étrangère au bouleversement qui s'est produit dans la mer des Indes.

Indochine. — Les monts de l'Indochine avec leurs crêtes et leurs vallées longitudinales, ne sont après tout qu'une plateforme continentale qui s'est fracturée sous l'empire d'un étirement; mais l'ensemble de cette masse n'est plus horizontal comme doit l'être la croûte terrestre, un événement quelconque a voulu qu'elle s'abaisse et croule par le Sud. L'Arrakan Youma, le Pégou Youma, le Chan Youma, etc., s'inclinent vers la mer sur un parcours de 25 degrés et en partant quelquefois d'altitudes de plus de 3.000 mètres. Les fleuves qui coulent entre elles, tels que l'Iraouady, la Salouen, le Ménam, le Mékong, etc., roulent sur une pente continue avec une vitesse quelquefois de 25 kilomètres à l'heure. L'inclinaison de la croûte terrestre vers le Sud est donc manifeste et orientée Nord-Sud. La date de la formation de la région coïncide avec celle de l'Himalaya; car les grès et les calcaires de l'époque tertiaire se sont trouvés dans l'Arrakan (RECLUS).

INDE. — Or, dans l'Inde, cette régularité n'existe plus. La chaîne des Ghatts orientales, très basses par rapport à celle des Gahtts occidentales, semble avoir été refoulée par le milieu au golfe de Coromandel, au point qu'elle n'a plus sa direction Nord-Sud. Dans le sud du Dekkan, les marches de l'escalier gigantesque, bien qu'elles soient orientées Nord-Sud dans leur longueur comme le sont les fractures indochinoises, ont leur pente et leurs gradations dans le sens Ouest-Est, au point que, lorsqu'on se trouve à la mer, à la côte du Coromandel, on sent que c'est cette dernière gradation qui a fait donner à ces montagnes le nom de Ghatt ou escalier.

Dans le croquis ci-dessus désigné, au nord du Dekkan, nous voyons des lignes latérales qui indiquent la direction des eaux suivant celle des chaînes de cette région (Vindhyas, Satpouras, etc.), et, malgré tout, l'inclinaison du sol est vers le Sud; en outre, entre les grandes lignes longitudinales et côtières qui représentent les Ghatts occidentales et les Ghatts orientales, se trouvent d'autres saillies orientées longitudinalement rappelant le système indochinois et qui ne se trouvent pas représentées dans ce croquis, mais qui existent, puisque vers la côte Est, elles forment escalier et ont fait donner le nom au massif montagneux. La Godavery, qui part des hauteurs des Ghatts occidentales, comme les autres cours d'eau de la région, suit la pente principale du Dekkan, c'est-à-dire Ouest-Est; elle profite des saillies qu'ont laissées les deux orientations de fractures de l'Inde, et vient finir dans l'Est au golfe du Coromandel. Il y a donc eu dans toute cette région qui nous occupe, deux grands faits d'extension ou d'écartement du sol, l'un qui a fait les fractures et les cassures de l'écorce terrestre dans le sens longitudinal; celui-là paraît être le premier en date: on le classe comme étant du secondaire; l'autre, beaucoup plus récent, qui a fait pencher vers les grands fonds de la mer des

Indes, tout ce bloc continental déjà fracturé longitudinalement, et dans le mouvement d'abaissement, les fractures
d'écartement, formant les saillies, se sont produites, en sens
contraire, de l'Ouest à l'Est.

Ce mode de formation orogénique auquel nous nous
heurtons sans cesse dans le pourtour de la mer des Indes, ne
ressemble en rien à toute la synclinalité européenne découverte par MM. les géologues de la fin du XIXe siècle, pour les
faits de compression observés dans les Alpes et autres montagnes de l'Europe. Ici la loi générale, pendant le secondaire
et le tertiaire, aurait purement et simplement produit l'écartement dans un sens ou dans l'autre; c'est toujours la *tendogénie*.

CEYLAN. — L'île de Ceylan est une de celles qui étonnent
le plus par sa nature toute océanienne. Elle n'a rien de l'Inde
qu'elle touche presque, à laquelle l'a reliée une chaussée préhistorique. Par son sol de quartz et de pierreries spéciales et sa
grande faune, elle se rattache à Madagascar et à Sumatra;
par sa flore splendide et embaumée, elle rappelle Java, Bourbon,
Maurice ! M. de Martonne rappelle que, d'après les auteurs
modernes, ces terres étaient déjà disparues dès le secondaire.
Or, les découvertes de la roche travaillée dans le préhistorique
prouvent la continuité des relations de l'Inde et de Ceylan
pendant le tertiaire. Et dans notre livre V, nous établirons
que ces mêmes relations ont existé avec Bourbon et Maurice.

Or, les révélations bathymétriques, dit M. Reclus, prouvent
que le sous-sol de la mer des Indes au Nord de Seychelles et au
Sud de la Sonde atteint des profondeurs inouïes ! Ces énormes
cavités dans le sous-sol, à côté des énormes protubérances
qui constituent la région de l'Himalaya, sont, pour les éléments
constitutifs de la croûte terrestre, l'effet de migrations et
de régressions, indicatrices de la grandeur du cataclysme qui
les a produites.

Le même phénomène qui a brisé les crêtes longitudinales
de l'Indochine a sectionné celles que marquent les lignes d'îles
encore existantes et par lesquelles la communication se maintenait entre le Nord et le Sud du continent indien.

OCÉANIE. — Je ne dis rien des îles de la Sonde, de toutes

les îles du Pacifique qui ont composé jadis le menu royaume dispersé, dont a parlé M. O. Reclus, ni de l'Australie et ses îles adjacentes (Nouvelle-Guinée et autres) dont les grandes masses voyagent plus vigoureusement que les autres dans le Sud sur le grand magma liquide de l'intérieur, brisant toutes les crêtes ou arêtes longitudinales qui existaient en système dans cette partie de la Terre et faisant remonter leurs parcelles dans le Nord-Est; je m'en suis expliqué déjà. J'entends restreindre aujourd'hui ma discussion, au grand événement du tertiaire qui a brisé et affaissé l'écorce terrestre, au bassin de la mer des Indes, et qui, de ce jour, a donné une autre orientation au courant orogénique et par suite à la marche du sol dans le Grand Océan.

Pour continuer notre revue, nous laisserons de côté la côte orientale de l'Afrique. L'on y relève pourtant, depuis la Syrie jusqu'au Zambèze, le curieux système de montagnes longitudinales des Indes, mais ici sans inclinaison continue bien marquée à l'Est. Et prenons la mer des Indes, à cette côte de l'Afrique, pour mieux suivre l'écartement et l'affaissement du sol que je veux préciser.

CANAL DE MOZAMBIQUE. — Ce canal commence en séparant longitudinalement l'Afrique de Madagascar, et, si on observe les contours des deux côtés qui se regardent dans ce canal, Madagascar, avec son angle sortant à la pointe du cap Saint-André, se serait détachée des côtes rentrantes de Sofala et du Transvaal, pays de l'or également. Or, il est enseigné d'autre part, que cette séparation de l'Afrique et de Madagascar s'est faite pendant le secondaire; « nul doute n'est possible, dit M. de Martonne, sur l'existence de la mer jurassique qui a séparé l'Inde et Madagascar de l'Afrique ». Et cette constatation bouleverse même toutes les idées qu'on s'était faites jusqu'ici sur l'époque de l'arrivée des mammifères sur terre. Il est, en effet, non moins constaté que de grands animaux de l'Afrique qu'on estimait tertiaires, ont vécu à Madagascar avant son écartement de l'Afrique qui s'est produit pendant le secondaire.

Il y a donc, dans les faits du passé, quelque chose de non entrevu jusqu'ici pour que nous reconnaissions une telle contradiction dans les affirmations de la science. Et j'appelle d'autant plus l'attention sur celle-là que, malgré la séparation également longitudinale qui existe entre Madagascar et le socle des Mascareignes, j'aurai à établir d'autre part que les grands animaux dits du tertiaire ont vécu également sur toute cette partie de l'ancien continent austral actuellement inondée, où émergent Maurice et Bourbon; mais avec cette différence que la faune s'est maintenue à Madagascar, mais non aux Mascareignes.

Et pour nous en tenir pour l'heure à l'Afrique et Madagascar il faut parler à ce sujet, comme M. de Martonne, et dire : « nul doute n'est possible »; si ces grands mammifères qu'on fait naître au tertiaire ont passé d'Afrique à Madagascar, c'est qu'ils ont existé pendant le secondaire dans les régions australes, ou le barème est faux. Autre contradiction : les géologues allemand Haug et autrichien Suess, ont classé ce canal longitudinal où la mer jurassique s'est localisée, comme une fosse géosynclinale ainsi que la paléogéographie l'a vue au tertiaire pour les régions touchant l'Afrique par le Nord; il n'a été relevé nulle part jusqu'ici dans les bords de synclinalisme recherché. Au contraire, les pointes de terre qui émergent çà et là dans le canal, depuis les Comores jusqu'aux îles Bassas et Europa au Sud, par des profondeurs variant entre 2.000 et 4.000 mètres, feraient penser que des crêtes toutes longitudinales existent aussi dans ce canal.

Il est établi encore que, pendant le tertiaire, (c'est-à-dire longtemps, dit-on, après l'écartement de Madagascar), l'Afrique, en se séparant de l'Amérique, a quitté les côtes rentrantes du Brésil : l'angle sortant de la Nouvelle-Guinée en Afrique le démontre bien. Si le dessin géologique est ici conforme malgré la distance qui sépare aujourd'hui les deux continents, il a fallu qu'ils aient voyagé par un mouvement de tension de la croûte terrestre sans affaissement ou soulèvement proprement dit. L'évolution de l'Afrique s'est faite donc dans le Nord-Est, en se portant contre l'Europe et l'Asie; et il n'y a pas lieu de s'étonner de tous les phénomènes de compression qui se sont produits pour la formation des monts européens et qui restent inexplicables si l'on n'admet point la marche

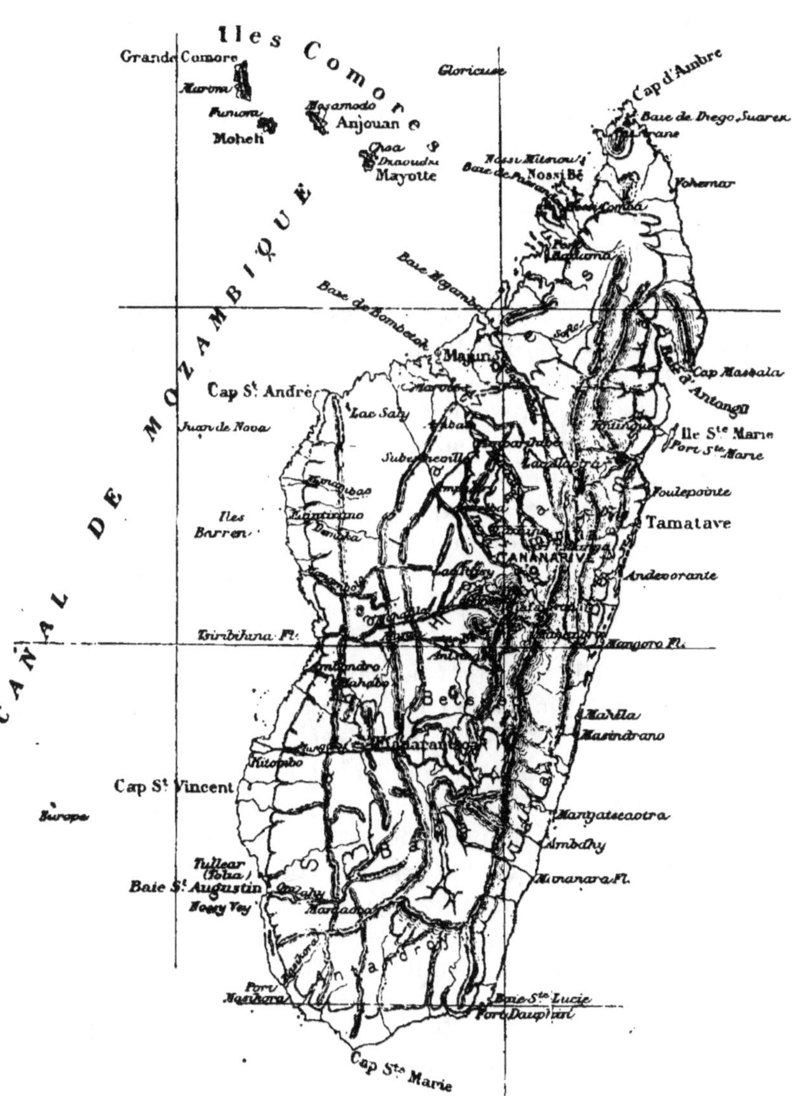

CARTE DE MADAGASCAR.

incessante des continents, telle que je l'ai fait entrevoir. La compression aurait donc pu se produire ici également à l'Est.

Mais au contraire, à partir de Madagascar et jusqu'à la dernière des Mascareignes à l'Est, nous allons entrevoir autre chose, et suivre les traces du grand déclanchement tertiaire qui a fait en un autre sens l'écartement et l'affaissement de la croûte terrestre, dans la mer des Indes, ce qui aurait causé par suite la disparition du monde austral et brisé Maurice et Bourbon notamment, et ceci sans observer des faits de compression. Voyons ce que vaut cette idée.

MADAGASCAR. — Madagascar est un gros massif longitudinal, orienté du Nord-Est au Sud-Ouest, portant à son sommet une aire granitique de surélèvement sans couches sédimentaires apparentes sur ses sommets, mais y laissant voir des failles rectilignes et longitudinales tantôt ouvertes et tantôt recouvertes de déjections volcaniques. Ces failles, dont on peut juger de l'extrême régularité, quand on les voit à nu se continuant pendant des myria mètres comme dans le Betsiléo, aux environs d'Itéa et d'Ambatofinandrana, se reconnaissent facilement par leurs lignes de schistes, de quartz et quelquefois de cipolins et de phyllades. Ces failles, qui marquent sur le sol avec la régularité des rails d'un chemin de fer, s'imposent d'autant plus à l'attention qu'elles ont leurs relations dans les replis les plus profonds du globe et qu'elles sont en petit l'image de la fracture qui a fait jaillir les volcans de l'Ankaratra; elles ont dû se produire à la suite d'une forte commotion, car elles ont rapporté non seulement les laves ordinaires de nos volcans sur certains points, mais encore tous les métaux lourds partis dès lors des régions les plus voisines du centre de la Terre.

Le gros massif de cristallisation tout parsemé d'inclusions volcaniques, avec son aire de surélèvement, constituée par les plateaux de l'Imérina, du Vakinankaratra et du Betsiléo, avec ses pentes et ses marques de dislocation sur ses côtes, pourrait être donné, pour sa formation, comme un exemple du mouvement épéirogénique décrit par Gilbert, s'il ne dépendait en même temps de ce mouvement tendogénique dont j'ai parlé plus haut. Il est réellement chaviré de l'Ouest à l'Est. Son bord Ouest s'est soulevé et son bord Est s'est affaissé, sans qu'aucun des plis et replis alpins ne se soit produit dans son ossature. Ce mouvement de chavirement, qui est subséquent à la formation des plis longitudinaux du secondaire, a dû accentuer et élargir sur certains points les failles longitudinales déjà créées.

Nous devons au général Galliéni les remarquables travaux de topographie qu'il a demandés à son haut personnel dans la première période d'occupation et qui ont été publiés dans sa Revue « *Notes, reconnaissances et explorations* ». L'étude géologique de M. Gauthier, de 1897, sur le Ménabé, est le rapport qui m'a paru le plus complet, au point de vue du jugement à formuler sur Madagascar. Il dépeint parfaitement l'impression qui reste d'un voyage à travers la grande île. Tous cet amas cahotique de roches métamorphiques, provenant des premières modifications du granit, gneiss, micaschistes et autres, qu'on trouve sur les plateaux supérieurs et au milieu desquels des laves modernes ont jailli çà et là, se retrouve à la côte Est. En un mot, c'est une suite de mêmes formations sans couches sédimentaires la plupart du temps. Et l'on devrait dire plutôt que le soulèvement qui a fait les hauts plateaux, est primordial, modifié seulement par des injections volcaniques. Étant donné que nos géographes veulent se constituer un jargon spécial, Gilbert a donné à ces sortes d'avortements d'éruptions partielles dont la vue frappe en Emyrne le nom de *laccolithes*. Mais dans l'Ouest, au contraire, le sol se couvre de couches tertiaires, voire même secondaires, puisqu'on y rencontre l'ammonite. Là où ces couches plus récemment formées se laissent voir admirablement, c'est le long de cette côte désignée partout à la côte Ouest sous le nom de Bongolava, notamment dans le Ménabé et le Bémahara où l'on constate le sol soulevé longitudinalement à des 400 mètres d'altitude sur un abrupt comme coupé à pic et tiré au cordeau. Remarque importante : ce soulèvement s'est fait sans plis synclicaux et anticlinaux provenant de faits de compression par côté. Je ne vois, comme M. Gauthier, que des roches aux allures mouvementées, brisées, plissées par les mouvements orogéniques ou du moins par le voisinage

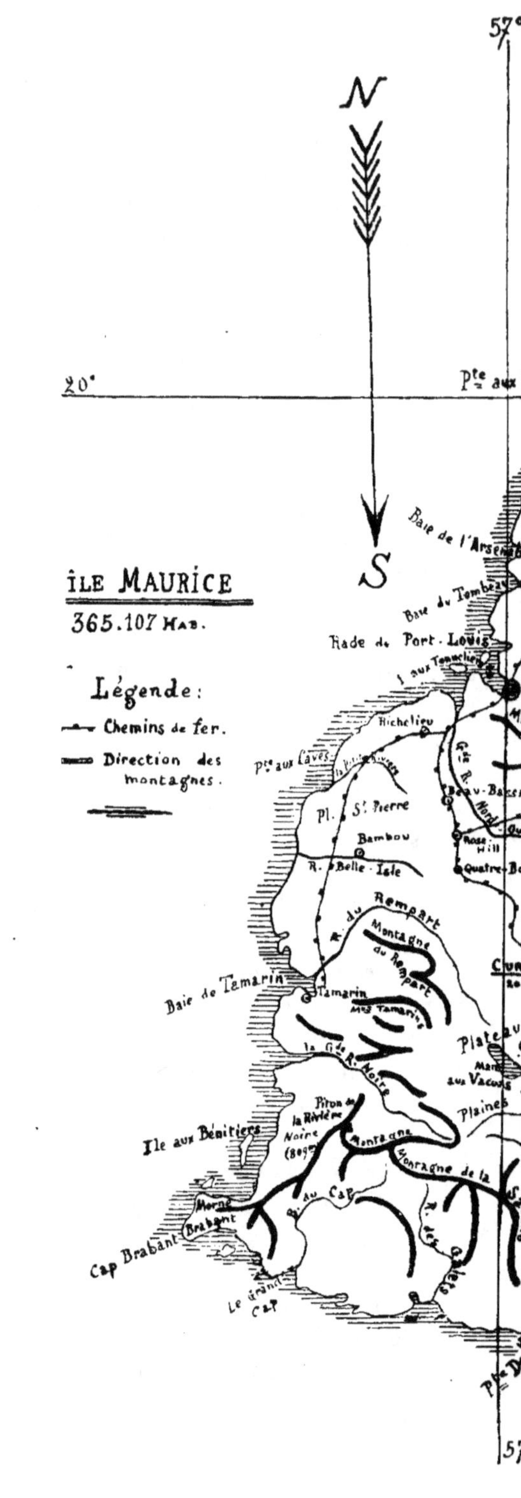
N
S
57° 3
20°
Pte aux Ca
ÎLE MAURICE
365.107 Hab.
Légende:
Chemins de fer.
Direction des montagnes.
Baie de l'Arsenal
Baie du Tombeau
Rade de Port-Louis
I. aux Tonneliers
Richelieu
Pte aux Caves
Pl. St Pierre
Bambou
R. Belle-Isle
R. du Rempart
Montagne du Rempart
Baie de Tamarin
Tamarin
Mes Tamarin
la Gde R. Noire
Ile aux Bénitiers
Piton de la Rivière Noire (809)
Montagne du Cap
Montagne de la Savane
Morne Brabant
Cap Brabant
Le Grand Cap
Beau-Bassin
Rose-Hill
Quatre-Bornes
Curé
Plateau
Mont aux Vacoas
Plaines
R. des Galets
Pte De
57

CARTE DE L'ILE MAURICE.

de puissantes éruptions volcaniques. Les couches de grès et de calcaire sont au Ménabé d'une « *horizontalité désespérante* ». Le Bémahara et les plateaux qui le continuent sont évidemment d'anciens récifs de coraux « *étonnamment bien conservés* ».

Je ne suis pas en contradiction avec ceux qui ont donné leur opinion sur la région. Le relèvement à l'Ouest et l'abaissement à l'Est, que j'ai indiqué pour le socle de Madagascar, ressortent clairement des conclusions de M. Gauthier. Ils indiquent dès lors, comme dans l'Inde et l'Indochine, la précipitation du sol vers les grands fonds de la mer des Indes.

Un autre auteur, dans la même Revue et à la même époque, M. Boucabeille, décrit la partie Nord de Madagascar, et formule aussi ses idées sur la formation du massif; soulèvement primaire, dit-il, avec formation de failles au secondaire, « puis postérieurement à cette époque, un cataclysme géologique est venu donner à l'île sa forme actuelle; une contraction formidable a soulevé le plateau central, disloqué, brisé, émietté la chaîne primaire qui le sillonnait du Nord au Sud ». C'est parfait comme explication, et il ajoute même que cette pression a été de l'extérieur à l'intérieur. Mais pourtant je dois observer que rien ne fait croire à une pression horizontale venant du dehors par côté. Si M. Boucabeille l'a constaté à la dépression du Loki, c'est un fait accidentel. Partout, au contraire, sur les hauts plateaux, on voit çà et là les lignes de failles s'écarter en rond, laissant échapper des lamelles de quartz, de cipolins, de trachytes, au milieu desquelles se trouve une poussée de soulèvement. La poussée n'a pu se faire que de l'intérieur à l'extérieur. L'auteur est évidemment ici sous l'impression des récentes révélations de la formation alpine. Il généralise et croit voir ce que M. Gauthier ne constate pas. Je retiens néanmoins de cette étude de M. Boucabeille son opinion sur le dernier bouleversement survenu à Madagascar. Il le classe comme tertiaire.

Mais à ce tableau qui nous est ainsi succinctement donné des régions de l'Ouest et de l'intérieur de Madagascar, il est juste d'ajouter quelques mots sur la partie Est. Et ici, aucune trace de soulèvement ne peut être trouvée; au contraire, les terres s'enfoncent à la mer et disparaissent; la côte se rapproche de plus en plus de la montagne et prend sa forme rectiligne. Il suffit de suivre le curieux phénomène de la formation des lagunes sur tout le parcours de la côte pour s'en faire une idée! La mer rapporte et amoncelle longitudinalement les terres qui s'affaissent et forme un bourrelet continu sur lequel la circulation se fait entre deux eaux (Pangalanes). La direction longitudinale et rectiligne des Pangalanes, comme de quelques îlots qui émergent çà et là le long de la côte (Ste-Marie et autres), indique qu'il y a là un cassé longitudinal sur lequel s'appuie le fléchissement. En un mot, *à l'Est, le lit de la mer et la terre s'abaissent, à l'Ouest ils s'élèvent.* L'inclinaison du sol fait l'abrupt montagneux en droite ligne de la côte Est et les larges plaines et plateaux inclinés de l'Ouest! En un mot, **Madagascar** m'apparaît comme le plus précieux témoin, conservé à travers les âges, des fractionnements longitudinaux de la croûte terrestre; son puissant socle, merveilleusement conservé et resté comme suspendu au bord des abîmes dans l'océan Indien, est tout un enseignement pour le géologue. **Rapproché** des crêtes longitudinales qui surnagent au Sud de l'Inde, comparé aux monts du Zambèze à l'Ouest, et à ceux de l'Indochine à l'Est, il nous raconte ce que fut le relief que nous cachent les eaux de l'Océan.

CANAL ST-HILAIRE. — Après Madagascar se montre sous l'eau un autre Canal longitudinal qui n'a pas été nommé jusqu'ici puisqu'il n'était pas vu des marins; et la présence, à l'Est, de la seule terre de Bourbon, qui ne s'étendait pas longitudinalement, qu'on considérait comme une de ses terres adjacentes, ne suffisait pas pour qu'on vît ici un détroit, mais la science bathymétrique vient de nous le révéler; il existe, il longe à l'Est une longue terre, dont Bourbon, Maurice et les Cargados ne sont que les sommets apparents, une terre plus vaste que Madagascar, qui a eu le mérite de se faire deviner par un naturaliste, comme la planète Neptune par Leverrier. Je donne à ce canal innommé le nom de Geoffroy St-Hilaire.

Faut-il supposer que le détroit dont nous ne connaissons le fond, soit une fosse synclinale? Bien que la topographie semble en indiquer une, il est sage d'en douter en raison de la nature de **Madagascar** si bien décrite par M. Gauthier, comme aussi de celle de Bourbon et de Maurice où l'absence de tous les plis synclinaux est parfaitement constatée. La loi générale dans le Grand Océan, c'est la tension, c'est l'écartement de la Terre ! D'ailleurs, par des profondeurs de 2.000 à 4.000 mètres dans ce canal, s'érigent, sur des bases étroites et comme des aiguilles fichées sur les grands fonds de la mer, quelques îles telles que Tromelin, la Plate, et les Seychelles au loin. Si on aligne leurs crêtes, on voit qu'elles ne peuvent être que les témoins restés debout d'une autre crête longitudinale, également effondrée, à qui se reliait dans le secondaire à l'Arabie ou à l'Inde.

Les Iles Sœurs. — Puis vient le socle inondé de la Lémurie qui, dans le Sud, laisse encore voir au-dessus des flots de nombreuses petites terres, au nombre desquelles on ne cite généralement que les îles Sœurs, Bourbon et Maurice. Maurice notamment se continue au Nord par plusieurs petites îles telles que Coin de Mire, Ile Plate, Ile Ronde, Ile aux Serpents. Elles n'ont aucune importance au point de vue culture et habitation, mais au point de vue géologique leur direction Sud-Ouest, Nord-Est, leur cassure, marquent le mouvement d'affaissement qui les a détruites.

A 300 kilomètres au Nord de ces îles et toujours dans la même direction, surgit une plate-forme inondée où se montrent seize autres îlots, les Cargados, dont quelques-uns boisés. Ils ne sont réellement connus que des marins. Ils font pourtant partie du groupe des Mascareignes, étant du propre socle de Bourbon et Maurice. Ce socle se ressent du mouvement d'affaissement déjà imprimé dans l'Ouest à Madagascar; *il est tellement abaissé qu'on ne voit plus les granits de la carcasse première* de la Terre, mais seulement des affleurements volcaniques qui n'ont pu se produire comme à Madagascar que sur cette carcasse première et granitique.

Maurice, avec ses îles jusqu'à l'île aux Serpents, est plus en voie d'affaissement que Bourbon, et les Cargados encore plus. Une grande ceinture de coraux les couvre et conquiert leurs rivages inondés, mais les amas détritiques de Maurice qu'on remarque jusque sur le sol ferme et surtout dans la partie Nord-Ouest, font croire encore à un grand trouble géologique dans le passé, à un débris d'une grande terre, et

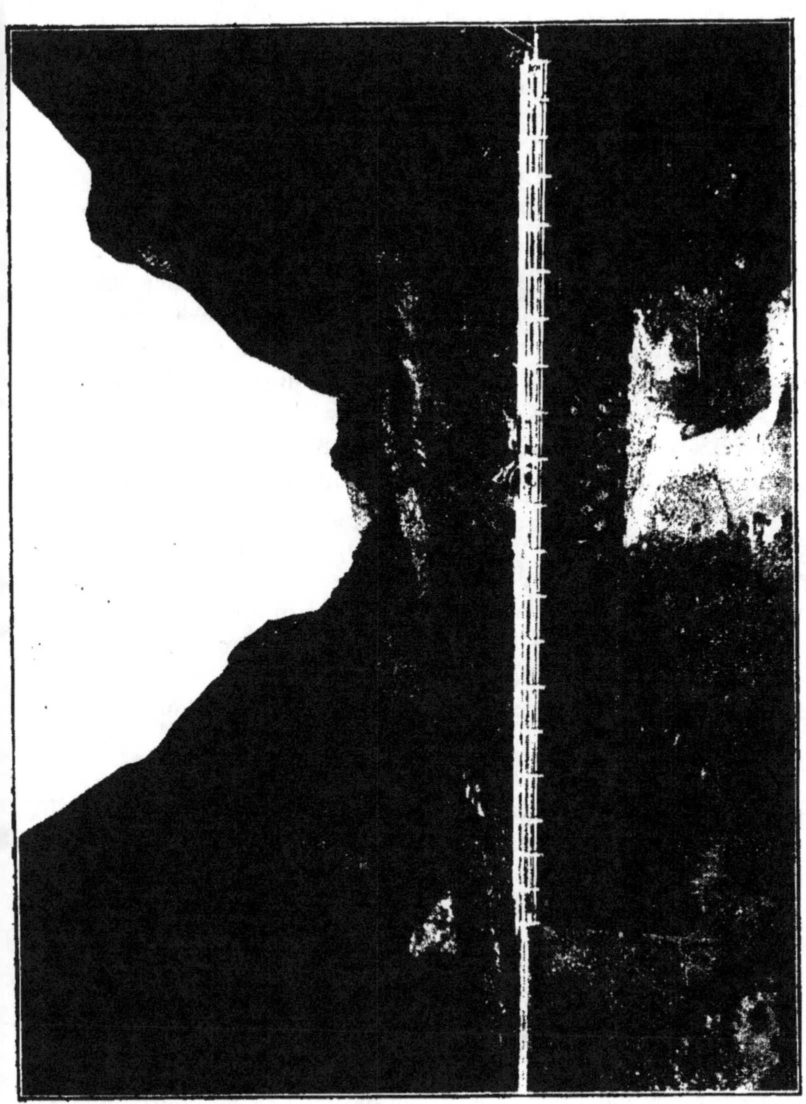

PHOTOGRAPHIE T.

RÉUNION. — GORGE DE LA RIVIÈRE DUMAS. AU FOND : LE GROS MORNE.

au même mouvement d'oscillation qui se produit à Madagascar. Évidemment toutes ces terres émergées et inondées sont les témoins d'un socle longitudinal qui relevait de la nature de l'Indochine ou de Madagascar et qui a eu sa forte dépression au Nord entre l'Équateur et l'Arabie. Le mouvement de dépression de cette région se continue encore de nos jours; au siècle dernier, deux terres du Nord des Seychelles, des îles, ont disparu. Et l'île Socotora, débris de l'ancien royaume de Saba, continue à s'effondrer comme les étymologies l'indiquent (*Tsabo* signifie qui plonge; *Socotora*, qui plonge par morceaux).

Pour ce qui concerne Bourbon presque aussi abaissée sous les eaux que Maurice, le mouvement d'oscillation est encore le même; les plages de corail ne se montrent que dans sa section occidentale à St-Pierre, St-Leu, St-Gilles, tandis qu'à l'Est, sa lave vient se noyer dans les flots. Il suffit de jeter un coup d'œil sur toute l'ossature de l'île au Sud-Est pour relever une succession ininterrompue de fractures d'affaissement de la mer jusqu'au sommet du Piton des Neiges.

Le socle lémurien, où nous nous trouvons, est assurément le plus intéressant de tous. Il constitue un monde qui a vécu dans le passé et qui s'est effondré. Il forme un nouveau Madagascar sous l'eau, et, grâce aux lignes isobases tracées sur nos cartes comme celles indiquées par la sonde, sa contexture peut être reproduite dans ses grands détails, dans sa longitudinalité, ses soulèvements et ses dépressions.

Ces détails se suivent, en effet, assez bien jusqu'à la profondeur de 2.000 mètres, qui paraît être le point de départ de l'ancienne plate-forme continentale. A partir de 2.000 mètres, en effet, on passe dans les fractures aux profondeurs de 4.000 à 6.000 mètres, à moins que l'on ne rencontre une profondeur qui va en diminuant, ce qui est l'indice d'une aire de soulèvement.

Au sud du socle, après une première dépression qui isole Maurice de Bourbon, le socle repart de Maurice avec une seconde dépression et se continue dans le Nord en formant deux bombements volcaniques rappelant assez les deux soulèvements de Bourbon. Les îlots Cargados, au 16° de latitude, affleurent sur un de ces bombements, puis le second bombement au Nord au 8° de latitude se laisse voir à 30 brasses parfois au-dessous du niveau de la mer; il court sous l'eau jusqu'aux abords de l'Équateur en touchant presque les Seychelles. Voilà donc bien un grand tronçon de la Grande Terre. qui a vécu, pendant le secondaire et le tertiaire, de la même vie que nos îles Sœurs, et qui leur a laissé leur flore prodigieuse digne d'un continent.

On retrouve également à Bourbon, les traces de la convul-

LE CAP BERNARD. LA PETITE ILE. LA RIVIÈRE (SAINT-DENIS).

sion qui a causé non pas seulement le chavirement du sol comme à Madagascar, mais qui l'a fracturé comme une pierre se brise sous le choc du marteau. Il y a là l'effet d'un corps contondant et pesant à la fois. Le choc a projeté, pour ainsi dire, Maurice dans le Nord-Est. J'en citerai des exemples.

*
* *

La ville de St-Denis, chef-lieu de l'île Bourbon, se trouve située au Nord de l'île, au pied du cap Bernard qui s'élève de ce côté à 400 mètres d'altitude et finit sur la mer par des cassés brusques ! Ces deux cassures ne sont pas naturelles; elles sont le résultat, au contraire, d'un ébranlement considérable de la croûte terrestre, peut-être de chocs horriblement violents et font partie ici d'un ensemble de brisures qu'on suit dans tout le Nord-Est de l'île.

Pour avoir une idée du mouvement effectué, il faut par la pensée élever le sol de St-Denis, à la hauteur du plateau de la montagne et le voir ensuite dans l'état d'affaissement où il est actuellement. Par suite de la dénivellation, St-Denis, pour me servir de la terminologie acceptée, est devenue la *lèvre affaissée* de la faille, et le sommet du mont **St-Bernard** la *lèvre élevée*. Mais le plan de la faille n'est pas vertical; le sol de Bourbon depuis St-Denis jusqu'à la Rivière de l'Est, en tombant, a dévié dans le Nord-Est : c'est ce qu'on appelle le *rejet*. Qu'on suive la direction du rejet de Maurice, par rapport à la direction du socle St-Hilaire, on verra qu'il est d'une importance égale au rejet du sol Nord-Est de Bourbon depuis la rivière St-Denis jusqu'à la grande cassure des rivières de l'Est et de Langevin. Dans le mouvement du passé qui a fait la brisure de l'écorce terrestre, Maurice s'est donc détachée, écartée du sol de Bourbon, tout en dépendant du même socle.

C'est sur cette montagne de Bourbon comme sur celles de Maurice, que nous aurons bientôt à rechercher les traces de la même humanité qui y a vécu pendant le tertiaire, c'est-à-dire après le grand événement qui a fait le premier affaissement du sol de St-Denis.

Ce n'est pas tout, il faut suivre encore, dans le Nord de l'île Bourbon et face à face avec Maurice, l'étendue du fracassement. Jusque dans l'Est, la côte s'affaissa, le Morne de Lianes, le Morne de Patience, la Crête de la Plaine des Cafres, le Morne du Grand Bassin et celui de l'Entredeux restèrent suspendus dans les airs pendant que tout s'abaissait à leurs pieds. Le volcan des Salazes semble marquer deux âges dans sa dépression; il s'abaissa d'abord de cent mètres en formant toute la Plaine des Salazes, mais il vécut encore longtemps comblant des mêmes laves relativement récentes : à l'Ouest le sommet du Benare, à l'Est la plaine des Salazes.

SALAZIE. — LE PITON D'ANCHAIN.

Au fond : la muraille du cirque avec le Cimandef et le mont des Chicots.

Si, au contraire, toujours dans le Nord, on suit la côte à l'ouest, on voit encore, à la cassure de la Rivière des Galets que la rive droite, dépendance de la montagne St-Denis, est légèrement surélevée sur l'autre par suite du versement de cette montagne dans la direction de Maurice.

Si du volcan à l'Est, on jette un regard à l'Ouest sur le Piton des Neiges, on est involontairement troublé à la vue de l'escalier gigantesque, formé merveilleusement par les étages de la Plaine des Sables, de la Plaine des Remparts, de la Plaine des Cafres et de la Plaine des Sala es. On assiste à l'affaissement grandiose du socle des Mascareignes vers les abîmes océaniques. Tel dut se produire, et peut-être à la suite du même bouleversement des régions australes, l'affaissement en gradins des Ghatts indiennes !

Mais c'est surtout dans l'intérieur de Bourbon, en suivant la direction du rejet de Maurice, ce qui nous fait tomber sur le Cirque de Mafate, qu'on se heurte à un fracassement épouvantable. Trois grands cirques de l'intérieur forment la caractéristique de l'ossature de Bourbon. Suivant une thèse que je présenterai ci-après, ces trois affaissements du sol ne sont pas l'œuvre de l'érosion des rivières, mais bien du courant géogénique qui a circulé sous terre en faisant, lui, œuvre d'érosion souterraine. Mais pendant que le cirque de Salazie, et surtout celui de Cilaos donnent raison à Lyell et nous offrent l'impression d'un affaissement placide et lent à travers les âges, le cirque de Mafate représente la théorie de Cuvier et nous donne l'impression d'une révolution, d'un brusque bouleversement ! C'est le chaos, c'est Pélion sur Ossa ! Et il faut s'expliquer que là où le courant géogénique circule sous le sol, la couche résistante de la croûte terrestre, étant plus amollie, cède plus facilement à la moindre secousse ou à la moindre pression, témoin les affaissements circulaires autour des cratères en activité. Ici, tout le pan supérieur de l'île, qui reliait les deux Brûlés du Bénare et des Chicots, chuta, et la forme qu'en prirent les fragments fut le prisme presque toujours rencontré dans la cassure du basalte ou de la lave. Aussi quel encombrement de pyramides et de pointes angulaires dans ce fond que le Malgache appela Mafate, la mort ! Le morne des Chicots et le Bénare

Réunion. — La Montagne et le Cap Bernard (Saint-Denis) (Photographie A).
(Vue prise de la rue du Rempart.)

dominent d'abord la situation avec leurs pointes angulaires, mais quelle série de pyramides se suivent en rond dans le bas : le Piton d'Horère, le Cimandef, la Marmite, la Fourche, le Pic aux Calumets, Maïdo. Le curieux Piton Picard a aussi sa cassure rectiligne, mais rien n'est plus beau, n'est plus harmonieux dans sa régularité que le pic élancé des Calumets, qui est assurément le plus admirable monument du cirque de Mafate.

Et le volcan lui-même ne pouvait rester insensible à un tel ébranlement de ses assises premières. Son Piton d'Anchin était depuis longtemps éteint, et préludait à son affaissement dans le cirque de Salazie, mais le Piton des Neiges rayonnait dans les airs, charpentant fermement les pentes du Brûlé de St-Paul et de toute la région orientale de l'île jusqu'à Ste-Rose; sa base suivit le mouvement général de la dénivellation, elle glissa et forma à l'Ouest les chaînes des Salazes et de Taïbit et au Nord l'immense plaine déclive et abaissée des Salazes. Dans le déclanchement des couches géologiques, le courant géogénique dévia. La commotion reçue demandant l'écartement de la croûte terrestre à l'Est, ce courant igné quitta la faille longitudinale où il se tenait et marcha vers l'Est. Voulez-vous le suivre? Élevez-vous sur un des contreforts de l'intérieur qui dominent la Plaine des Cafres, par exemple sur une des crêtes de l'Ouest de la Plaine des Salazes, et voyez les cent cratères qui s'étagent et s'alignent régulièrement depuis le Piton Marabou et le Piton Tortue jusqu'au dôme de la Fournaise à l'Est. Ces pitons ou ces cratères nous racontent l'effort fait par le grand magma liquide de l'intérieur pour continuer à se desserrer au dehors; ils nous marquent comme autant de poteaux la marche suivie par le courant géogénique.

Mais vint un moment où ce courant, pénétrant sous la région envahie par la mer, dut faire retrait. Le flot igné s'accumula. Et c'est alors, comme l'a entrevu Humboldt, que se forma et s'éleva cet immense bombement de l'Est. Là, tout d'abord, dans les pentes, à droite et à gauche des bouches à feu s'ouvrirent en éventail, créant des pitons qui ne sont plus dès lors dans la direction rectiligne des cratères de la Plaine des Cafres, et

LE MORNE DE PATIENCE (PLAINE DES PALMISTES).

L'ILE BOURBON.
MASSIF ANCIEN VU DU MASSIF RÉCENT.

qui, malgré leur forme bombée, sont ici le produit de l'accumulation des matières éructées. L'effort fait par le flot igné à la Fournaise fut tel que le sol s'ouvrit à droite et à gauche.

Le volcan de Bourbon est d'un haut enseignement pour tous ceux qui voudront se rendre compte des soulèvements tant encore discutés de nos jours. Qu'on parte de la Plaine des Cafres pour monter à la Fournaise, on est surpris en montant de croire à tout instant qu'on arrive à un point culminant. On n'est, hélas ! que sur un terrain rond; on n'en voit la fin que lorsqu'on se trouve au bord d'une brisure du sol.

Qu'on observe maintenant jusqu'au cratère brûlant la nature des couches volcaniques qui s'étagent dans toutes les cassures que l'on rencontre : Rivières de l'Est, des Remparts, et de Langevin, Cratères Fanfaron et autres, Remparts de la Plaine des Sables, etc., on sera singulièrement surpris de les voir bien distinctes de la lave vomie par la Fournaise et, au contraire, filles du Piton des Neiges, continuation par suite des coulées qui ont circulé dans la Plaine des Cafres. Et pourtant, la Plaine des Cafres qui forme le col mitoyen entre les deux massifs de l'Ouest et de l'Est, est à 1.500 mètres d'altitude, et la Fournaise rivalise de hauteur avec le Piton des Neiges. En vérité, les coulées parties de celui-ci n'ont pu remonter et s'élever jusqu'à la Fournaise.

Je conclus donc que tous les bouleversements que nous voyons dans la constitution géologique de Bourbon, et que je viens d'énumérer datent de l'époque où les Iles Sœurs durent se séparer. Il y a dans tous ces faits une corrélation significative. Si les cassures longitudinales du sol sont du secondaire, certainement ce bouleversement qui a fait le fracassement en sens contraire, en sens latéral s'est produit postérieurement pendant les périodes du tertiaire.

RODRIGUE. — Quant à l'île Rodrigue, elle semble s'être écartée du socle St-Hilaire ou lémurien, dans le même mouvement de propulsion et avec une courbe s'infléchissant dans l'Est. Mais sa distance de plus de 400 kilomètres de Maurice fait penser qu'il y a là tout naturellement une fracture d'affaissement graduel comme au canal St-Hilaire, comme au canal de Mozambique. S'il en est ainsi, Rodrigue, dans l'oscillation du sol vers le Nord-Est, serait donc la seule épave d'un autre socle longitudinal situé à l'Est des deux autres. L'abaissement du sol vers les grands fonds océaniques est ici plus accentué. Toute la partie Ouest de l'île ne se trouve composée que de terrains relevés hors des eaux et couverts de coraux. Son massif volcanique a disparu, sauf une pointe à l'Est. Et c'est à ce point qu'on douta longtemps qu'elle fût de même origine que ses voisines, tant la formation corallienne surtout puissante à

PHOTOGRAPHIE 7.
RÉUNION. — LA PLAINE DES REMPARTS.

l'Ouest recouvre généralement sa charpente basaltique. Les gros oiseaux de Maurice et Bourbon se sont trouvés sur son sol.

D'immenses cavernes et de longs chéneaux, rappelant ceux de Maurice, de Sumatra et de l'Inde, font croire à des travaux préhistoriques. La caverne la plus remarquable est celle qui se trouve dans la partie du vent à la Pointe du Corail. « Elle a une entrée de 50 à 60 pieds de largeur sur 30 environ de hauteur. Elle offre des accidents très variés avec les stalactites qui la remplissent dans une profondeur de deux lieues. On y voit de distance en distance des colonnades en stalactites de plus de 40 pieds de hauteur qui sembleraient avoir été placées dans le but d'en soutenir la voûte » (*Statistique de l'île Maurice*, par d'Unienville).

En raison du passage de l'homme préhistorique à Bourbon et à Maurice, ce que je pense établir d'une façon impressionnante au livre V, ci-après, toutes ces cavernes devront tôt ou tard être profondément étudiées. Celles de Maurice ont profondément occupé l'attention ces temps derniers par suite de certaines traces rencontrées qui ont fait croire à l'existence de trésors enfouis.

A Bourbon, où le massif montagneux a été puissamment charpenté par les éclats et les débordements volcaniques, où le poids de ce massif volcanique augmenté des glaciers qui y ont certainement séjourné, a dû, à travers les siècles, impressionner et faire fléchir la croûte terrestre, il semble que les cavernes finissant au littoral sont actuellement inondées et qu'on ne peut plus les suivre dans leur profondeur. Néanmoins il en est encore dans le Nord de l'île, dont l'étude pourrait offrir un intérêt scientifique. Je puis comme exemple citer celle du Bassin de Bernica, sur la rive droite de la ravine, dont l'entrée située au-dessus du cours de l'eau, est obstruée par un empierrement d'un aspect préhistorique.

Iles Cargados. — Ces îlots, au nombre de seize, que nos géographes ne font pas figurer bien à tort comme étant des Mascareignes, appartiennent au socle de Maurice et Bourbon bien plutôt que Rodrigue. Elles sont plus rapprochées de Maurice que cette dernière. Elles s'élèvent sur un banc, peuplé de récifs, pouvant avoir plus de cent kilomètres de tour et qui constitue dans le Nord le plus beau fragment de l'ancien continent inondé.

Il faut admirer ici la progression bien établie de l'affaissement brisé. A Madagascar, qui verse de l'Ouest à l'Est, on voit encore la carcasse granitique de la Terre sur laquelle ses volcans sont venus lui édifier des montagnes. A Bourbon qui verse également à l'Est, on ne voit plus le granit; des montagnes volcaniques s'élèvent à **3.000** mètres. A Maurice, même versement à l'Est; mais la dépression est plus grande, ses anciens sommets volcaniques ne sont plus que de 1.000 mètres au plus de hauteur. Aux Cargados et à Rodrigue, la dépression est presque complète; on voit à peine la formation volcanique.

NOUVELLE-ZÉLANDE. TASMANIE. Et à partir de Rodrigue, plus rien comme pointe de terre se laissant voir au-dessus des flots. La mer, toujours la mer, de plus en plus profonde, jusqu'à la Tasmanie et la Nouvelle-Zélande. Et malgré la distance, les sciences d'histoire naturelle ont révélé depuis long-

LE MORNE DE FOURCHE ET LE PITON DE MARMITE AU DERNIER PLAN.
RÉUNION. — SALAZIE : VUE PRISE D'HELL-BOURG.

temps une parenté inconcevable du groupe de Madagascar et des Mascareignes avec ces terres si prodigieusement écartées d'elles, comme aussi la parenté de celles-ci avec l'Amérique du Sud tout aussi éloignée dans l'Est. Ce fut la première impression de l'école anglaise, au moins pour ce qui concerne les Mascareignes et la Nouvelle-Zélande. La parenté ornithologique, entomologique, mammalogique, volcanique, etc., s'est confirmée depuis; elle est stupéfiante par suite des conséquences à en tirer. Aucun mammifère n'a été trouvé à la Nouvelle-Zélande et aux Mascareignes, sauf la grosse chauve-souris ailée, et il en aurait été de même pour Madagascar s'il n'était établi aujourd'hui que, malgré sa séparation de l'Afrique pendant le secondaire, elle avait hérité, pendant un moment au tertiaire, de la grande faune d'Afrique.

De plus, Hooker a rattaché la Tasmanie et la Nouvelle-Zélande à l'Amérique du Sud par la flore actuelle. Et Ihering vient de déterminer la date de leur séparation géologique en constatant l'identité de leur faune passée jusqu'au début du tertiaire. Enfin, ô révélation soudaine et simultanée, Neumayer, Suess, Lapparent, Frech, etc., les rattachent toutes entre elles, avec leur mer Cénomanienne, jusqu'au secondaire. Peut-on supposer que des forces émanant simplement de l'intérieur de notre planète aient pu ainsi projeter aux antipodes et à l'arrière de l'Australie ces débris si bien reconnaissables de l'ancien continent équatorial du secondaire?

Auprès de ces immenses bouleversements, qui entrent aujourd'hui dans l'enseignement classique, que peut être, en vérité, comme étrangeté, mon avènement de la Chine sur la Terre, alors surtout qu'il explique par lui-même tous ces autres faits surprenants?

AUSTRALIE. — L'Australie constitue par excellence le grand problème paléogéographique de tout l'hémisphère Sud. D'où vient-elle? Elle est comme une intruse dans tout le monde insulaire à nature luxuriante qui l'entoure et qu'elle semble chasser devant elle dans le Nord-Est. Rien ne lui ressemble autour d'elle, sauf Simbava, Florès, Moluques et la Nouvelle-Guinée qui font partie de son socle, alors qu'au contraire, toutes les mille terres exondées autour d'elle, quelle que soit la distance qui les sépare, ont entre elles des relations inconcevables par leur profonde réalité, et n'en ont aucune avec elle.

Elle fait mentir ce grand dogme de géographie botanique posé par Darwin : « Le fait le plus saillant et le plus frappant est l'affinité qui se remarque entre les espèces des îles et celles de la terre ferme la plus voisine. » En raison de son immense terroir, on pouvait s'attendre à trouver chez elle une faune et une flore non seulement considérables, mais encore spéciales. Il n'en est rien; tout est pauvre chez elle comme son sol lui-même. Et comme seule originalité, elle n'a offert à l'étude des naturalistes que des plantes, des animaux et une humanité rappelant les espèces européennes, et encore non pas les espèces animales actuelles, mais celles datant du secondaire, didelphes, marsupiaux, etc. Il est alors supposé que, depuis cette époque, la pauvre terre serait restée isolée et sans communication ni relations avec les pays qui l'avoisinent; je me suis grandement étendu sur ce fait mystérieux dans le livre Ier. Je n'y reviendrai pas; mon but est de passer rapidement pour l'heure sur la typique des principales terres riveraines de la mer des Indes.

Je dois rappeler toutefois que cette affinité des espèces australiennes et européennes bouleversent toutes les notions sur la formation et la mutabilité des espèces; elles auraient évolué en Europe et seraient restées fixes en Australie. Puis comment admettre que l'Australie soit partie de l'Europe? Nos paléontologistes se sont alors préoccupés d'une autre explication à en donner. Henry Blanford, en raison de la parité de la flore fossile des couches carbonifères de l'Inde et de l'Australie, a préféré les rattacher dans le passé « bien qu'elles soient éloignées aujourd'hui de 9.000 kilomètres ». Plus tard, M. Trouessard a préféré relier pendant le secondaire, l'Australie à l'Amérique du Sud. D'autres enfin, pour couper court à toutes les difficultés et toujours à l'aspect de divers éléments de la faune et de la flore fossiles, ont décidé que l'Australie avait dû être reliée dans le passé non pas à l'Europe, ni à l'Asie, mais à l'*Eurasie!*

Vient enfin la poursuite à travers le sol de la mer Cénomanienne, la Téthys de Suess, c'est-à-dire la Grande Méditerranée qui, au secondaire, a encerclé le globe. Et dans les croquis qui sont donnés de cette mer archaïque, en suivant son passage indiqué, on est tout surpris de constater que si elle a été équatoriale, le cercle fait par elle sur la Terre actuelle n'est plus de son plus grand diamètre et ne le serait tout au plus que pour une Terre de moitié grosseur. Notre planète aurait donc grossi depuis le secondaire. « C'est à Neumayer, dit M. de Martonne, que revient le mérite d'avoir mis en lumière l'existence de cette mer archaïque. Elle confinait à l'Europe, à l'Asie et à l'Amérique et occupait aussi la région moyenne de l'Australie. »

Et malgré toutes ces indications si précises de nos chercheurs émérites, nous ne pouvons encore déterminer d'où l'Australie était partie pendant le secondaire. Pas un des dessins donnés par les différents auteurs qui s'en sont occupés, ne se rapporte aux autres. On serait tenté, avec les dessins, de la placer près de Madagascar, la Tasmanie, la Nouvelle-Zélande, la Nouvelle-Calédonie, mais c'est encore avec ces pays du Grand Océan que sa parenté, dans toutes les parties de l'histoire naturelle, existe le moins. Les îles Kerguelen et les terres australes ont encore des rapprochements avec ces dernières et non avec elle !

De ce qui précède, il résulte que l'Australie est bien un monde à part comme la Chine. Elle n'est pas une contrée d'effondrement et d'éruptions volcaniques comme celles que nous avons vues jusqu'ici autour d'elle; son sol d'abord inondé se serait au contraire surélevé, comme les plaines de l'Hindoustan au Nord du Dekkan, comme les régions d'Europe et d'Asie indemnes de volcans, et la mer Cénomanienne qu'on voit chez elle au secondaire dans la région moyenne et sa partie occidentale, n'a pas peu contribué à la priver d'espèces terrestres, et a fait que du jour où elle s'est retirée elle laissait un continent sans peuplement.

Et il faut bien se pénétrer des découvertes récentes de la science paléogéographique pour se faire une idée des bouleversements qu'a subis la croûte terrestre pendant le tertiaire. Ainsi les enseignements nouveaux nous apprennent qu'au secondaire l'Australie se rapprochait des terres émergées en Europe; sa faune et sa flore en témoignent d'ailleurs. Pendant ce temps, nous apprend-on encore, l'*Amérique touchait à l'Inde* et par suite au socle longitudinal où étaient établies les Mascareignes. Et l'Amérique elle-même formait bloc avec l'Afrique.

Or, un événement considérable au tertiaire a amplifié le volume de la Terre, c'est ce que j'ai appelé l'avènement de la Chine. L'Amérique, en se projetant vers l'Est, et en projetant devant elle l'Europe et l'Afrique, a laissé derrière elle le Grand Océan et les parcelles du *menu royaume*, et devant elle l'Atlantique.

Mais la Terre avait à reprendre sa sphéricité. L'Australie,

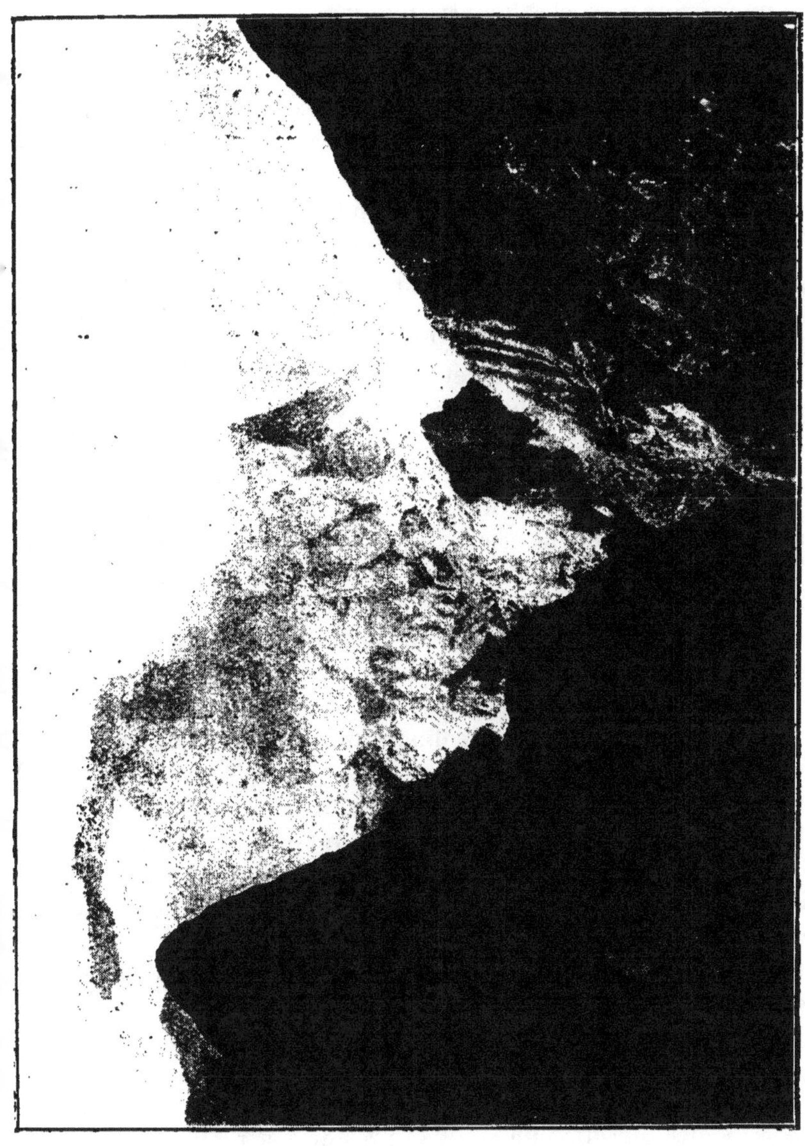

CIRQUE DE MAFATE.
Vue prise du Dodane au Cap Noir.

après être descendue dans le Sud, est remontée dans le Nord-Est en cassant les socles longitudinaux de l'Inde et l'Insulinde.

SUMATRA. JAVA. — En effet, au Nord de l'Australie, tout change. Aucun pays ne ressemble à Madagascar comme Sumatra, et aucun pays ne donne idée de Bourbon comme Java; je l'ai déjà rappelé en m'inspirant des précieuses données de MM. Reclus. Mais ce qu'il y aura de remarquable encore à constater, c'est que ces grandes îles de Sumatra et Java présenteront le même phénomène de fléchissement vers les grands fonds océaniens, bien qu'elles ne soient plus dans la même direction orographique et qu'elles se trouvent aussi à des 9.000 kilomètres de distance des deux autres.

« Les deux îles de Sumatra et de Madagascar se ressemblent : presque égales en étendue, présentant la forme d'une ovale allongée, ayant chacune un côté presque rectiligne du côté de la mer des Indes et inégal de l'autre côté; mêmes stratifications de roches sur granits; même axe de montagne seulement infléchi à Sumatra; même orientation transversale de chaînes... À l'Ouest de Sumatra (comme à l'Est de Madagascar, c'est-à-dire face à la mer des Indes, là où le sol s'enfonce), s'aligne une rangée de terres disposées parallèlement à la côte (comme les pangalanes). Des abîmes de plus de 2.000 mètres séparent cette rangée d'un archipel d'îles (les Nicobar), mais elles se rattachent à Sumatra par l'inclinaison des pentes immergées. Ces îles forment pour ainsi dire (comme à Madagascar) le rebord extérieur de la terre voisine et sont composées d'assises tertiaires que contiennent celles du littoral de Sumatra. Situées par des fonds recouverts en moyenne par 100 mètres d'eau, elles se trouvent précisément sur la corniche du socle de l'Indochine. Immédiatement du côté de la mer des Indes, le lit marin se creuse et tombe à des gouffres de plus de 5.000 mètres... » (RECLUS).

Ce qu'il faut remarquer dans l'ossature de Sumatra dont la chaîne est pourtant la suite des monts rectilignes de l'Arrakan dans l'Indochine, c'est sa déviation dans le Sud-Est au point que sa pointe méridionale vient se presser contre Java. Là est le commencement des courbes montagneuses du Nord. Remarquez même les zigzags des synclinaux redressés que

Convexité de l'île Bourbon. Vue (prise du rivage de Saint-Pierre) des cirques de Cilaos et du Grand Bassin.
L'île Bourbon s'élève au milieu des flots comme une surface fortement bombée, presque ronde.

forment les replis du sol. Il n'y a rien de pareil dans les autres pays montagneux. MM. Reclus en ont également été frappés quand ils se demandaient quelle est la force qui, pendant le tertiaire, avait pressé les Ghatts et pour ainsi dire poussé le Dekkan sous l'Himalaya !

JAVA. — Java est une terre volcanique comme Bourbon. Wallace a dit d'elle ce que Bory de St-Vincent a dit de Bourbon : « elle doit son existence aux causes qui contribuent sans cesse à sa dévastation ». Le sous-sol granitique sur lequel ses volcans se sont élevés, ne se voit plus comme à Bourbon, mais le socle chez elle n'a plus la même orientation méridienne; elle a suivi le même entraînement vers l'Est qu'a subi Sumatra, au point que son socle rectiligne est aujourd'hui orienté de l'Ouest à l'Est. Elle est ainsi bornée par la mer des Indes; et dès lors elle va subir le même mouvement d'oscillation qui porte les terres océaniennes (sauf l'Australie pourtant) à s'abaisser, à chuter vers les grandes fosses océaniennes. Il se produira dès lors chez elle ce qui s'est produit pour Madagascar et les Mascareignes : du côté de la mer des Indes, le socle des îles plonge à la mer et, de l'autre côté, les récifs, les sédiments tertiaires et quaternaires se relèvent. Quelle est donc encore une fois cette force du passé qui avec cette harmonie parfaite dans la pression a ainsi démantelé tout le continent équatorial du secondaire?

Voyons la courte description qu'en donne le prince des géographes : « Le long des mers septentrionales, Java et Madoera sa voisine, ne présentent guère que des terres basses se continuant sous les eaux par des récifs et des bancs de sel. Différente d'aspect, la côte, faisant face à la mer des Indes, est rocheuse, abrupte, et descend en mer par une chute rapide. La berge sous-marine de toute l'Insulinde plonge brusquement jusqu'aux abîmes de l'océan Indien. »

Avec ces merveilleuses descriptions de la Science géographique, ai-je besoin de continuer pour établir et prouver le mouvement d'ensemble dont doit s'inspirer toute thèse géologique? Ce mouvement se manifeste avec intensité le long de l'immense pourtour de la mer des Indes, sauf en Australie.

Java et Sumatra tombent à l'Ouest, l'Indochine au Sud,

l'Inde au Sud-Est, Madagascar à l'Est, les Mascareignes au Nord-Est. Le point central où tout rayonne est aux grandes fosses marines de la Sonde et de l'Australie. Ici le mouvement d'ensemble est donc la parfaite indication d'une brisure, d'un enfoncement de la croûte terrestre, et cet enfoncement a-t-il les caractères que nos géographes trouvent aux fonds marins? A défaut de synclinaux et d'anticlinaux, on ne peut penser que

RÉUNION. — SALAZIE : PLATEAU D'HELL-BOURG.
Le piton d'Anchain. Tout au fond : le mont des Chicots.

nous nous trouvons en présence d'un immense fossé tectonique rappelant les creux rectilignes où gisent les grands fleuves, avec des failles en gradins sur toutes les pentes intérieures de leurs bords. Non, ici les pentes intérieures s'établissent circulairement vers un point central; la plaine intérieure n'est pas uniforme, les *horst* de Suez, les sommets des bords sont fracturés çà et là et s'écartent en éventail. Ce n'est pas là le fossé tectonique, tel qu'on le décrit !

Il y a eu là, n'en sortons pas, une force considérable partant de haut en bas qui a déprimé, dénivelé l'écorce granitique de

la Terre, dans un tiers de son épaisseur et sur toute l'étendue
de la mer des Indes. Et jusqu'à preuve contraire, j'applique
ma démonstration au grand avènement de la Chine sur la Terre,
ce grand événement des temps géologiques raconté par les
traditions et la linguistique ! Il y eut là un premier abordage,
avant l'incorporation définitive de la Chine à la Terre.

De ce fait, toute la vie animale qui s'épandait en ces lieux,
toute une civilisation humaine qui y préludait ont disparu.
L'apparition de l'Himalaya au sommet de l'Inde, l'entrée de
l'Australie dans le concert des pays de feu, le bouleversement
des grandes chaînes méridiennes de cette région de la terre,
datent de là.

Avant de revenir aux deux Iles Sœurs qui vont nous faire
entrevoir l'humanité préexistante au gros cataclysme, et
nous faire entrevoir la marche du sol à la suite de l'événement,
un coup d'œil jeté sur les dernières découvertes de la paléogéographie pour les régions australes, nous dira si nous pouvons
soulever avec foi le voile qui nous a caché jusqu'ici la trace
paléozoïque des continents disparus. C'est une parenthèse
à ouvrir, nécessaire pour l'explication des mouvements d'ensemble, toutes choses de science pure qui ne font point partie
de l'enseignement classique et que chacun n'est pas tenu de
posséder, toutes choses qui, enseignées, feraient comprendre
l'ampleur des bouleversements auxquels la Terre a été exposée
dans le passé. N'oublions pas cette conception lumineuse de
M. Daubrée; la Terre a été primitivement encroûtée d'une
façon uniforme par sa carcasse granitique, et cette carcasse
pourtant, toute broyée et fracassée, n'a plus sa régularité et
son uniformité ! Elle n'a pu elle-même se détruire. Les astres
qui vivent dans l'espace sont des êtres de la création qui sentent
et se meuvent comme tous les autres suivant la loi de leur organisation; ils doivent avoir leur instinct de conservation. Les
désastres constatés chez eux n'ont pu survenir que par les
faits indépendants de leur volonté.

CHAPITRE IV

Paléogéographie de l'Hémisphère austral.
Découvertes récentes.

Depuis plus de vingt ans que j'écrivais mon livre Ier des
« Révélations du Grand Océan », où tout a pu paraître conjec-
tural, que de faits tout aussi considérables dans l'histoire
de notre planète nous ont été révélés d'autre part par les
études et publications parties de tous les points de l'Europe,
et créant du même coup le jargon des sciences nouvelles
telles que la tectonique, l'hydrographie, la glaciologie, la
sismatologie, la scismologie, la biogéographie, la paléogéographie, etc., toutes choses qui ont donné un corps à la
paléophysique du globe. Il suffit, pour s'en faire une idée,
de lire les savants résumés de nos récentes géographies.

Il n'est donc pas sans intérêt de rechercher si toutes ces
découvertes nouvelles cadrent avec les données d'apparence divinatoire qu'il me fallait présenter pour établir les
avènements sidéraux, telles notamment la croissance et
l'augmentation de volume de la Terre, les cassures et les
écartements de la croûte terrestre, les glissements et les
voyages de ses fragments sur le grand magma liquide de
l'intérieur, l'importation des espèces nouvelles coïncidant
avec les bouleversements géologiques qui marquent les
changements d'âge de la Terre, la géographie humaine, animale et botanique, s'expliquant par les migrations de la croûte
terrestre, l'extrême importance de cette marche du sol au
point qu'on peut retrouver, aujourd'hui, les continents aux
antipodes de leur point de départ, etc. Et tout cela ne me
semble pas en contradiction avec tout ce qui s'enseigne;
bien au contraire, c'est une confirmation.

N'ayant à disserter que sur l'hémisphère austral, je ne
m'attacherai à relever que les faits établis pour cette immense

région de la Terre. Et malheureusement, si la géologie et la paléogéographie du grand massif continental moderne sont précisées aujourd'hui par les publications récentes jusque dans le précambrien, il n'en est pas de même pour l'hémisphère austral et le Grand Océan sur le passé desquels les découvertes faites jusqu'ici n'ont pu encore nous conduire à une synthèse, à une donnée d'ensemble qui les fasse concorder entre elles, et c'est pour cette raison que je parlerai de leur particularisme.

ÈRE PRIMORDIALE, pendant laquelle l'apparition d'aucune espèce d'être n'est remarquée. — La Terre nous est représentée dans le primordial ou précambrien qui aurait duré plus de dix millions d'années (1), comme s'étant constitué, sous les eaux de l'Océan, une couche uniforme de granits dont l'épaisseur est estimée à **23** kilomètres.

ÈRE PRIMAIRE. — Et pendant l'ère primaire qui le suit, soit pendant près de six millions d'années où la vie est manifestée dans les eaux par les traces d'êtres qu'on retrouve, cette épaisseur, par les nouvelles couches, est portée à **37** kilomètres. Or, cette carcasse pourtant s'est affaissée, s'est fracturée et s'est brisée au point que la mer s'est localisée dans les dénivellements et que certaines parties de la croûte terrestre remontent au-dessus des flots. La science ne veut pas encore admettre que ce soit des causes d'ordre cosmique qui ont pu amener d'aussi grands phénomènes de fracassements. Toujours est-il qu'on est d'accord pour admettre que ces grandes révolutions se sont produites de tout temps, même pendant les premiers âges de la Terre. On ne saurait suivre toutefois, comme je l'ai déjà fait observer, la trame et l'évolution de ces premiers désastres de notre planète, en raison précisément des traces laissées par les plus récentes révolutions. Mais pour les reconnaître néanmoins, il suffit d'observer les discordances qui peuvent s'être produites dans les sédiments. Et il est établi notamment qu'au permien, c'est-à-dire à la fin du primaire, le relief terrestre était le contraire

____

(1) L'estimation est ici faite d'après l'épaisseur des couches en prenant pour base le quaternaire, épais de 200 mètres, ayant duré déjà 300.000 ans.

de ce qu'il est aujourd'hui : une grande masse continentale
a subsisté toute entière dans le Sud, c'est-à-dire là où nous
voyons aujourd'hui la croûte terrestre toute aux eaux de
l'Océan. Ceci est absolument avéré; ce continent se composait de : 1º l'Amérique du Sud moins les Andes, prodigieuses
protubérances, qui vinrent s'y élever à l'Ouest postérieurement; 2º l'Afrique; 3º la Lémurie marquée par Madagascar,

RÉUNION. — PLAINE DES PALMISTES.
LE LIT DE LA RAVINE SÈCHE.

les Mascareignes et tout un monde, affaissé depuis, qu'on
voit sous les eaux; 4º l'Inde et l'Insulinde. Fresch a décrit
cette masse continentale sous le nom de Gondwana (nom
indien) en y ajoutant l'Australie dont la relation secondaire
est frappante avec l'Europe, d'autres la rattachant à l'Inde
ou à l'Amérique. « La paléontologie et la biogéographie
(dit M. de Martonne, en parlant de ces masses continentales,
mais sans faire aucune réserve, pour l'Australie), tendent à
prouver qu'elles éta'ent soudées à peu près entièrement

jusqu'au début du secondaire (1). » Au contraire, dans le
Nord, alors l'Océan était partout, et les pointes de terres
émergeant ça et là sans suite. Parmi elles pourtant, trois
grandes terres près du pôle avec une végétation nulle : le
Canada, la Scandinavie, la Sibérie. Aussi la science européenne qui étudie le Nord de la Terre ne relève-t-elle pour ce
premier âge de la vie sur la terre, que des êtres marins. Jusque
dans le milieu du primaire, au Silurien, l'Europe restait
encore sous les eaux; la Scandinavie était une Australie avec
une mer intérieure, les monts Oural, une île comme Madagascar, le Caucase, la Bretagne, le Portugal, des îlots. Le
sommet des grands monts qui marquent en Europe, en Asie
et en Amérique, était alors sous les eaux. Il est donc à présumer que le jour où le Sud de la Terre sera l'objet des études
dont a bénéficié le Nord, on trouvera pour la même époque
non pas des fossiles d'êtres marins sur ces terres continentales
mais bien des restes d'êtres terrestres.

ÈRE SECONDAIRE. — Les couches du secondaire, suivant
les évaluations enseignées, épaisses de cinq kilomètres,
auraient mis 500.000 ans à se former au-dessus du primaire.
Les changements survenus pendant cette époque dans le
relief et les étages de la croûte terrestre se devinent mieux
sans pourtant se laisser lire aussi nettement qu'aux époques
suivantes. Les premières études géologiques et paléontologiques
s'étaient circonscrites à l'Europe où les mers jurassiques et
crétacées avaient formé les sédiments, et ces sédiments ne
pouvaient comporter dès lors que des êtres marins ! La science
européenne généralisa, elle attribua à l'univers entier ce qu'elle
découvrait pour la région inondée; elle pensa que les grands
animaux terrestres connus depuis n'existaient pas au secondaire. Mais fort heureusement ces études de la nature se
sont étendues depuis peu, en Amérique notamment. Et les
paléontologistes américains, découvrant tout un monde de
mammifères terrestres à l'aurore du secondaire, ont boule-

(1) Plus haut, dans le même ouvrage, M. de Martonne s'étend sur
l'existence d'un grand continent indo-malgache de cette époque; jeu de
bascule grandiose, toutes les eaux se massaient alors dans le Nord.

versé l'enseignement européen et jeté la science dans les voies nouvelles.

D'un autre côté, la physique du globe venait d'être l'objet de découvertes aussi considérables; la paléogéographie naissait, la Terre n'avait pas eu toujours son même relief! Des bouleversements considérables notamment se découvraient dans les régions les plus lointaines, dans la mer des Indes,

LE PITON DE LA FOURNAISE.
Vu du haut de la Plaine des Remparts avec la Plaine des Sables au milieu.
Le cratère Haüy à gauche, celui du Cirque à droite.
Panorama du massif récent.

dans le Pacifique. Geoffroy St-Hilaire nous lançait dans la découverte de mondes sous-marins!

Puis, d'Orbigny, Améglino, Moréno, Trouessard et autres, en observant notamment la beauté des flores et des faunes spéciales, entrevoyaient des terres disparues à l'Ouest de la Patagonie, du Chili, de la Bolivie, etc. La parenté était certaine pour ce qui concerne celles de l'Amérique du Sud et des îles de la Nouvelle-Zélande et de la Tasmanie, pourtant si éloignées. Hooker leur avait trouvé déjà de son temps 77 espèces de plantes communes, et il n'en était pas de même pour les espèces américaines et australiennes.

L'archipel de la Nouvelle-Calédonie à son tour se distinguait nettement de sa voisine l'Australie; il avait la flore spéciale d'un continent et, par ses oiseaux, il se rapprochait de la Nouvelle-Zélande et de la Sonde.

É. Reclus, reflet des idées nouvelles de son époque, nous fait suivre désormais la dislocation du grand continent austral, et il est instructif de le lire. Puis, même au jurassique, Suess nous montre une fosse géosynclinale immense et continue où les eaux viennent se localiser spécialement et qui dès lors sépare les régions Nord et Sud de la Terre. Dans cette fosse, les mers qui se communiquent entre elles, passent entre les deux Amériques, inondent les Antilles et vont jusqu'à la Nouvelle-Zélande en passant par les Alpes, la Méditerranée, la Perse, l'Inde et l'Indochine, isolant et laissant le Dekkan au Sud. Les bords de cette fosse ont peut-être une artère de communication entre des points opposés de la Terre; et une fracture de la Terre semble s'être produite pour ce moment dans le sens équatorial de l'époque. Ainsi donc, au jurassique, pendant qu'au Nord de ce chapelet de mers, dans les régions boréales seules, on ne voit émerger que trois grands lambeaux de la croûte terrestre, c'est à l'Équateur et dans le Sud avec tous les climats que se montre la véritable Terre continentale. En faisaient partie nos îles de Maurice et Bourbon, qui ne sont après tout que des crêtes, restées hors de l'eau, de ce monde immense qui a vécu.

Et après une vie étonnamment longue, presque sans trouble pour cette terre, nos géologues nous font assister au grandiose spectacle des bouleversements qu'ils entrevoient. Notre grand continent austral — le paléaustral, qu'il faudrait dire, — celui où la vie a pu paraître et se maintenir, le seul où les grandes espèces terrestres ont pu se développer à l'aise, se démembre! C'est au Silurien que l'Inde et Madagascar se séparent de l'Afrique. Chose à remarquer, pendant ce temps, l'Amérique leur est encore attachée par la Tasmanie et la Nouvelle-Zélande, dont elle est la suite. Pendant le

Le plateau de Cilaos.

crétacé, une nouvelle révolution survient; l'Australie, qui a cessé de communiquer avec les terres à marsupiaux, s'isole; la mer Cénomanienne vient s'étendre entre elle et les terres immergées qui la bornent du côté de Madagascar; la carte du secondaire que nous donne M. de Martonne nous fait voir que Madagascar, la Lémurie, Ceylan et le Dekkan, sont toujours un même monde élevé et vivant au-dessus des flots, conservant dans toute sa splendeur la flore équatoriale qui avait pu vivre chez elle, source de vie pour la faune qui viendra s'y établir. Et pour l'Europe à la même époque, la phylogéographie ne peut toujours nous indiquer qu'une végétation terrestre herbacée et presque nulle !

ÈRE TERTIAIRE. — C'est pendant le tertiaire, qui n'a duré pourtant que 1.500.000 ans, qui n'a donné d'épaisseur à la croûte terrestre qu'un kilomètre de plus, que nos géologues constatent le plus de bouleversements à la surface terrestre, toujours par cette raison qu'on ne croit tout d'abord qu'à ce que l'on voit, et que, dans l'ordre des révolutions, les plus récentes, bouleversant les autres, sont seules à se laisser voir. On est généralement d'accord en effet pour reconnaître que le relief actuel de notre planète, avec ses mers, ses plates-formes continentales, ses montagnes, ses volcans, datent des périodes du tertiaire, éocène, miocène et pliocène. En même temps qu'un violent mouvement orogénique déplace le fond des mers pour les porter aux sommets des grandes montagnes comme pour les Andes en Amérique, pour les Alpes en Europe, les grandes mers se forment et nos continents actuels se localisent. Qu'il me suffise de rappeler ce qui se passe dans l'hémisphère qui nous occupe. Dès l'éocène, le Chili dans l'Amérique du Sud cesse ses relations avec la Nouvelle-Zélande et la Tasmanie; un socle continental sur lequel émergent aujourd'hui la Nouvelle-Calédonie et ses îles voisines s'abaisse sous les eaux, laissant comme témoignage de sa vaste vie dans le passé, une flore spéciale et très riche en dicotylédones, qui ne rappelle en rien l'Australie, et un monde d'oiseaux rappelant la Nouvelle-Zélande et la Sonde.

De l'autre côté de l'Australie, un socle bien plus vaste sur lequel couraient des chaînes de montagnes longitudinales dont on ne voit que les têtes par les îles qui se montrent (Madagascar, Mascareignes, etc.), disparaît et croule sous l'Océan en s'affaissant de plus en plus vers l'Orient. En même temps que ces affaissements, une cassure rectiligne de la croûte terrestre se manifestait dans le Sud-Ouest; elle est du moins marquée par les volcans des îles St-Paul-Amsterdam, de Bourbon, de Madagascar, du Kilimandjaro. L'Inde, jusque-là unie à l'Insulinde et au monde lémurien, se sépare d'eux, elle devient une île ! Ce n'est pas tout, le fracassement va plus loin : les volcans à cratère, classés comme tertiaires,

se montrent à Bourbon mais n'arrivent pas à Maurice, preuve que leur séparation se fait à ce moment; l'Afrique se sépare aussi de l'Amérique du Sud; on voit encore, malgré la distance qui les sépare aujourd'hui, le Brésil s'enchâssant dans la forme du golfe de Guinée; le sol européen sort des eaux et reçoit au fur et à mesure de l'exondation les animaux qui quittent les régions australes et montent jusqu'à lui ! Les plus vastes océans se localisent dans les fractures longitudinales qui vont de plus en plus s'élargir. Ce sont : la Méditerranée, l'Adriatique, l'Océan Indien, le Pacifique ! Une véritable anomalie de la tectonique se produit : l'Himalaya, « le suprême toit du monde », apparaît à ce moment, au nord de l'Inde. Depuis le tertiaire, par son poids sur la croûte terrestre, cette montagne a dû s'abaisser de moitié, pénétrer par suite dans l'intérieur de la Terre et provoquer des écartements à sa surface par ailleurs. Mais elle reste encore la plus haute de toutes. Sa forme est certainement étrange; son arête méridionale très à pic, s'étale avec une rondeur astrale d'une régularité parfaite. Ses stratifications conservant la forme curviligne sont redressées le plus souvent vers le ciel; on sent en un mot que la mise en saillie de l'énorme protubérance ne répond en rien aux phénomènes de compression interne que MM. Daubrée et autres ont entrevu pour l'explication du soulèvement des montagnes, et pour la loi à énoncer au sujet de la formation des plissements du sol.

D'un autre côté, le mouvement orogénique est général dans le monde entier; et dans l'hémisphère qui naît avec le Grand Océan, il se manifeste vivement. Là où il était déjà dessiné pendant le secondaire comme à Madagascar, on voit les parties les plus profondes de la croûte terrestre se surélever en des failles longitudinales à la crête des montagnes; aux sommets de l'Ankaratra, les laves des volcans jaillissent au milieu des gneiss et des granits ! Là, au contraire, où il naît sous l'empire d'une poussée récente, il élève comme dans les Andes, le fond des mers secondaires à plus de 5.000 m. de hauteur. L'ancienne grande mer équatoriale qu'entrevoient nos géologues modernes, disparaît de plus en plus, et plus au Sud une série d'effondrements et d'affaissements fait ouvrir de nouvelles fosses, où se localise à la fin du tertiaire, la Méditerranée.

Les volcans se montrent partout; on peut dire que l'ère tertiaire a été, par excellence, l'ère des volcans à cratère, alors que les anciens épanchements de tufs et de trapps comme dans l'Inde et à Bourbon s'arrêtent; les matières métalliques et silicatées en fusion de l'intérieur, soit le feu central dans toute sa pureté, s'élèvent à travers mille brisures de l'écorce terrestre et se déversent en torrents de laves par la gueule des cratères. On dirait autant d'ateliers en travail spécialement affectés au comblage des vides et à la reconstitution du sol.

Ces faits que je viens d'énoncer pour raconter l'histoire de

la mer des Indes, sont pour l'heure du domaine de l'enseignement classique. Il y a là un ensemble de découvertes qui

L'AGAVE BLEU OU CHOKA BLEU,
dont, en Amérique, on tire le hennequin. Sa tige florale atteint 10 mètres
et plus.

nous fait admirer la science et ceux qui contribuent à la créer.
Mais nous n'en sommes, après tout, qu'à la simple constatation des mouvements qui se sont produits à travers les

âges dans la charpente planétaire, et nous n'avons aucune
explication des causes qui ont amené ces phénomènes produits, même dans cette loi si belle qui vient de se préciser
et que nous devons à la persévérance de MM. Daubrée, Favre,
Wellis et autres pour l'explication des monts alpins et des
plissements synclinaux et anticlinaux de leur région. Quand
MM. les savants viennent nous dire qu'ils ont eu pour cause
un mouvement de compression, je n'apprends rien et je me
demande ce qu'a pu produire la compression. Je cherche et
je me demande si la raison de notre impuissance et de nos
hésitations à déterminer les causes, ne vient pas de ce que la
science européenne est trop encline à n'observer que les
phénomènes anodins de son continent exondé, à penser que
l'univers réside dans sa petite Europe. Les rois à Madagascar,
avant l'arrivée des Européens, se croyaient, avec la meilleure
bonne foi, les rois de l'univers !

Tout s'en ressent. L'enseignement de la géographie physique
a tort de rester à la théorie de Lyell : d'après elle, les grands
bouleversements de la nature entrevus par Cuvier, sont
vains; les grands soulèvements décrits par Brich et Humboldt sont méconnus par Fouqué et autres; la Terre ne
change pas, il n'y a qu'une lente transformation de sa
partie superficielle causée par les tremblements de terre,
par les agents mécaniques de l'atmosphère et des eaux.
Tout est à l'eau de rose, tout est pour le mieux dans le
meilleur des mondes; une lente ascension vers le progrès
est partout !

Et pourtant nous venons de voir, par un exemple, celui
de la mer des Indes, que la Terre peut s'entr'ouvrir sur de
vastes étendues ! Puis, en généralisant, nous avons assisté à
une valse des continents pendant le secondaire et le tertiaire,
au point que, pendant le quaternaire, nous avons, avec l'écartement des continents, une Terre qui s'est entr'ouverte comme
un fruit trop chargé à l'intérieur et laissant déborder tout
son suc.

Mais dans la planète qui nous porte, il y a autre chose
que les couches superficielles dont s'occupe la géophysique !
Au-dessous de nous, gît le plus formidable océan que notre

imagination puisse concevoir. Il est tout de feu ! Et tout ce grand magma liquide de l'intérieur est soumis aux mêmes fluctuations que font subir aux eaux et à l'atmosphère la rotation de la Terre, l'attraction mouvementée de la Lune, celle du Soleil et de tous les astres qui l'environnent. Il y a au sein de la Terre des tempêtes perpétuelles, comme celles que M. Faye entrevoit sur le parcours de la Terre aux limites de notre atmosphère, des courants plus grands et plus forts que le Gulf-Stream lui-même, se heurtant et s'entrechoquant. Souvent, aux bords de mer, et surtout aux époques de changement de lune comme disent les marins, l'air et la mer sont calmes, un mugissement sourd comme une plainte infinie, se distinguant parfaitement du bruit ordinaire des flots, s'élève vers les cieux; on en est frappé et on ne se l'explique. Tel le ronflement des cyclones qui se font entendre à des centaines de kilomètres, bien avant leur arrivée ! Et toutes ces forces intérieures, dans leur frôlement contre la croûte refroidie déjà brisée et émiettée, font non seulement le travail moléculaire qui fait mouvoir cette croûte comme l'air et les eaux, mais encore d'âge en âge les catastrophes épouvantables qui détruisent les mondes existants et renouvellent la face de la planète.

CHAPITRE V

Prueves de l'affaissement des Mascareignes vers les grands fonds. Géologie de Maurice et Bourbon expliquée par celle de Madagascar. Relation du sol de Maurice avec celui de Bourbon. Les deux grands âges du volcan de Bourbon. Le courant géogénique changeant de direction au tertiaire a continué à circuler sous la croûte terrestre.

§ Ier

En passant en revue le pourtour de la mer des Indes, j'avais pour but de marquer et le mouvement d'oscillations continu qui s'est produit sur ses bords et la précipitation de ces bords vers des grands fonds; j'ai dû passer rapidement sur l'abaissement du sol de Madagascar et le fléchissement encore plus rapide des Mascareignes, puisque j'avais à traiter de leur union passée et de leur brusque séparation. Et si je suis dans le vrai, si j'accuse avec raison une épave céleste d'être la cause de l'effondrement et de l'éparpillement de l'ancien continent austral, toute la nature ambiante, la mer, les rivières, le sol, les montagnes, les volcans, la lave qu'ils vomissent, toutes les parties de cet ancien continent, tout, doit nous raconter le grand trouble de l'époque tertiaire, qui plaça l'Himalaya sur l'Inde et réduisit en parcelles l'ancien continent austral.

Il est nécessaire maintenant d'examiner ces terres en détail pour bien établir leur relation passée et de rechercher les traces de filiation géologique et botanique qui peuvent venir à l'appui de la thèse de l'éparpillement de la croûte terrestre, et me voilà ainsi conduit à consacrer tout d'abord un chapitre à la paléogéographie de la région.

Le profil orobathymétrique de Madagascar et des Mascareignes que je dresse (1) donnera une idée de l'ensemble de l'affaissement.

A gauché, on voit que dès le canal de Mozambique, le

EMBOUCHURE DE LA RAVINE DES CAFRES. LE BASSIN DES HUITRES CREUSÉ PAR LA CASCADE.
Grande couche basaltique recouvrant l'île comme d'un manteau uniforme.

bloc granitique dont se compose Madagascar, s'est détaché de l'Afrique et a versé à droite. La partie granitique avec ses sédiments à l'Ouest, dépasse encore de 1.500 m. environ

(1) L'auteur n'eut pas le temps de donner ce profil. La place en est laissée vide au manuscrit.

le niveau de la mer, et il porte dans sa région moyenne, la masse volcanique de l'Ankaratra, haute d'environ 1.200 m. Ce qui lui donne environ une hauteur totale de 2.700 m. comme au pic du Tsiafatjavona.

Après le canal St-Hilaire, un autre bloc granitique, surmonté d'un appareil volcanique, apparaît et se fractionne dans l'Est pour laisser voir Bourbon d'un côté et Maurice de l'autre, dans la même condition que le premier, mais ici le granit est entièrement sous les flots, l'appareil volcanique seul, se laisse voir, ses sédiments blanchâtres sont marqués à l'Ouest.

J'indique la cassure qui suit Maurice à l'Est sous le nom de détroit de la Lémurie; un autre bloc granitique surmonté de même de sédiments à l'Ouest et de laves à l'Est, se laisse voir également : c'est Rodrigue; mais ici tout est effondré presque, on ne voit au-dessus du niveau de la mer que des terres basses dont l'altitude ne dépasse pas 300 m.

J'indique encore une autre masse beaucoup plus descendue, c'est le socle longitudinal où se tenait l'île de St-Jean-Luboa qui a été aperçue, malgré ce qu'en dit notre historien Guet, de quelques navigateurs au XVIe siècle et qui n'a pas été retrouvée malgré toutes les recherches ordonnées par Louis XIV; disparue depuis la période de colonisation comme plusieurs autres îles au Nord de Maurice, telles que Roquepiz, Georges, Saint-Laurent (2).

Toutes ces failles en gradins se sont donc produites de la même manière; et, à chaque fracture, les laves de l'intérieur de la planète se sont fait jour. Elles ont circulé d'abord dans le sens du méridien le long des fractures. Mais un grand événement lui a fait prendre à un moment la direction de l'Est. Nous allons bien suivre ce mouvement.

§ II

Pour se rendre compte de ce qui s'est passé pour Maurice et Rodrigue, toutes deux terres volcaniques mais beaucoup

(2) Statistique de l'île Maurice et de ses dépendances, par d'Unienville.

plus abaissées que Bourbon, il faut étudier ce qui s'est produit pour Bourbon dont le volcan encore en activité offre toutes ses couches hors des eaux. Rien n'est instructif comme de suivre à Madagascar sur ses hauts plateaux, la formation de son sol. On sent que toute cette masse granitique, lors de son soulèvement, s'est trouvée sous l'influence d'une chaleur telle qu'elle a surgi à l'état pâteux, dans l'impossibilité de garder les effluves du magma; elle a sué partout de la lave. On en trouve les traces çà et là, en dehors de l'Ankaratra, sur tous les plateaux et les contreforts du massif. Et pour connaître ce que sont les couches géologiques à travers lesquelles se sont fait jour les volcans de Rodrigue, de Maurice et de Bourbon, il faut les voir à Madagascar, dont le socle sous-marin beaucoup plus relevé que celui des autres, laisse paraître et les laves vomies par les volcans et les granits à travers lesquels elles ont passé. Ces granits ont été influencés au contact des laves; ils se sont transformés successivement en gneiss, en micaschistes, trachytes, syénites, etc. La preuve de cette transformation a été faite par MM. Fouqué et Lévy. C'est dans le degré de température avec lequel ont surgi les différentes parties de la masse qu'il faut voir les variations de la structure. D'un autre côté, les laves elles-mêmes, en montant et en circulant à travers soit le granit pur, soit ses premières modifications (gneiss, micaschistes, etc.), se sont elles-mêmes diversifiées. Aussi l'on ne sera pas peu surpris de constater que tous les produits volcaniques des Mascareignes rappellent ceux de Madagascar, et contiennent à leur tour les mêmes minéraux que ces granits modifiés de Madagascar, soit feldspath, orthose ou plagioclase, soit magnétite, pyroxène, hornblende, augite. La parenté est frappante (1).

---

(1) Voir une étude aussi courte que bonne de M. Dabreu sur les pierres de Madagascar, Tananarive, 1906. Et voir aussi l'étude de M. Ch. Velain sur le volcan de la Réunion pour faire le rapprochement des conclusions. On sait que la grande division des produits plutoniens, en roches acides c'est-à-dire gneiss, granits, micaschistes, syénites et en roches basiques c'est-à-dire trachytes, basaltes, laves, etc., ne réside que dans leur plus ou moins grande teneur en silice. Si elles en ont 54 % au moins, ce sont les basiques; au nombre de ces dernières seraient les tufs, les scories, les cendres, les trapps, ainsi que les serpentines provenant de l'agglutina-

En d'autres mots, supposons que le fragment de croûte terrestre, où nous voyons le monde insulaire qui nous occupe, continue à s'abaisser sous la mer à travers les âges futurs et que le socle de Madagascar soit abaissé de1.500 mètres, que resterait-il de ses immenses plaines qui font d'elle presque un continent? Que deviendraient ses superbes plateaux granitiques de l'Imérina, du Vakinankaratra, du Betsiléo suant actuellement, dans leurs irradiations longitudinales, l'or par tous leurs pores? Ce vaste terrain aurait disparu sous l'Océan ! Et il ne resterait plus, surnageant au-dessus des eaux, que la chaîne volcanique de l'Ankaratra avec ses dépressions au Nord et au Sud. On chercherait en vain, pour déterminer l'âge de son soulèvement, comme d'ailleurs aujourd'hui à Bourbon et à Maurice, les couches primitives à travers lesquelles les laves auraient jailli ! Madagascar, en un mot, ne serait pour la science, comme ces dernières, qu'une terre volcanique sans base granitique.

Prenons l'hypothèse contraire; supposons que les eaux du Grand Océan passent d'un hémisphère à l'autre. Voilà tous nos socles sous-marins de la mer des Indes actuellement inondés revenant à la lumière du soleil. Un escalier gigantesque de chaînes longitudinales descendra des sommets de Madagascar jusqu'aux plaines orientales de Rodrigue; ce sera une

---

tion et de la décomposition d'anciennes roches ou de leur remaniement dans les bouches volcaniques. Si la teneur en silice dépasse 54 %, ce sont les roches acides ou des intermédiaires (JANNETAZ). C'est là la terminologie des anciens minéralogistes qui jugeaient des roches à vue d'œil. Depuis que la cristallographie est née, la science minéralogique se hérisse d'une multitude de noms nouveaux provenant de toutes les langues. Ne parlant qu'au point de vue géologique, je n'emploierai donc pour les roches éruptives que les vieux termes génériques, d'autant plus que je ne crois pas que l'apparition de telle ou telle sorte de ces roches puisse être l'indication d'une époque pour l'âge de la Terre. L'important travail de M. le professeur Lacroix sur la montagne Pelée, que l'Académie des Sciences vient de publier, nous montre la bouche récente vomissant trachytes et basaltes comme aux temps anciens. Il est évident que si les matériaux ignés constitutifs de l'intérieur de notre planète ne varient pas, ils ne peuvent nous arriver que diversifiés par la nature des couches qu'ils traversent dans leur long parcours et dont ils empruntent les éléments. D'où leur plus ou moins grande teneur en silice, d'où l'immensité des noms à inventer pour marquer les infinies différences.

Cirque de Salazie. Saalasy (bon campement).

Au premier plan, Mare à Poules d'Eau. Au deuxième plan, chaîne du piton d'Anchain qui porte les localités de Mare à Vieille Place, Mare à Citrons, Mare à Goyaves. Au 3e plan, le massif des Chicots uni au massif des Fougères par le fond de la Rivière des Pluies.

répétition, une image parfaite de l'escalier gigantesque des Ghatts de l'Inde et des autres montagnes de la basse Asie.

Les considérations hypsométriques sur lesquelles je m'étends nous préparent à cette conception que tout naturellement Maurice et Bourbon, malgré leur écartement actuel, ont fait partie non seulement d'une même terre que les sondages de la mer nous dessinent déjà, mais aussi d'une vaste terre qui, bien qu'affaissée aujourd'hui sous les eaux, n'aurait pas moins vécu déjà dans le passé avec les mêmes plantes, les mêmes animaux, la même humanité. Et l'on ne peut se pénétrer de tels enseignements que si la première base de raisonnement est acceptée, si la preuve de l'affaissement du terrain apparaît clairement, aussi clairement que le sondeur pourrait l'entrevoir.

Écarter au contraire ces considérations préalables, qui sont toutes de géognosie pure, c'est vouloir résolument accepter comme non expliqués les faits surprenants que nous révèle la géographie physique, c'est s'exposer souvent à ne pas entrevoir la vérité, alors que tout doit s'expliquer dans la nature.

Dans cet ordre d'idées, Maurice, avec sa formation inexpliquée, sera pour nous un exemple frappant : sa géologie n'a pu être donnée jusqu'ici, et elle devient lumineuse, au contraire, si on admet comme évidente et indiscutable son ancienne relation avec Bourbon.

§ III

Combien, en effet, nos belles Mascareignes furent explorées aux deux siècles passés par des naturalistes de premier ordre. Bory de St-Vincent, le plus étonnant de tous, jeune encore, chargé de mission au commencement du siècle précédent au moment où la géologie et la paléontologie naissaient, a laissé une œuvre admirable dans la description qu'il a faite de Bourbon. On peut dire de lui, que si l'île Bourbon venait à disparaître sous les flots, la peinture qu'il a faite de ses étages volcaniques suffirait à leur reconstitution.

Bourbon, en effet, par sa grande édification au-dessus de

Le volcan de Bourbon. Les Pentes du Grand-Brulé du coté de Saint-Philippe (Photo K).

la mer, facilite une étude des manifestations du feu central. Elle est assez relevée au-dessus de sa base granitique, pour qu'on suive à l'aise la marche des courants volcaniques, courants qui ont fait dire aux naturalistes, avec la localisation actuelle du volcan transporté à l'Est, qu'elle avait un massif récent et un massif ancien. A Maurice, l'activité volcanique a cessé depuis longtemps, sans doute à l'époque où Bourbon se brisait dans sa partie Nord, en laissant comme suspendue la montagne St-Denis, et où son courant volcanique jaillissait plus violemment que précédemment en prenant sous terre une direction nouvelle.

Il ne reste du sol de Maurice, beaucoup plus disloqué que celui de Bourbon, qu'une partie émergée de ses hauts sommets, et toute la région effondrée qui ne se révèle que par des sondages, est précisément celle qui aurait permis de lire l'histoire de sa formation. Mais par voie de raisonnement, nous pouvons heureusement la reconstituer. Ses îlots du Nord, Coin de Mire, île Plate, etc., sont autant de témoins marquant la continuation de son socle vers l'Équateur; tous, comme elle, de formation volcanique, parfois dans le Nord, couverts de fonds de mer et d'amas détritiques, donnant ainsi comme à Krakatoa, une idée de la force du flot marin qui les a recouverts après les désastres passés; tous toujours debout, malgré le bris incessant de la vague, et comme regardant avec stupeur le vide effrayant qui s'est fait autour d'eux.

Sur la côte Ouest de Maurice qui mène à Port-Louis, on rencontre une chaîne courbe qui supporte ses deux montagnes les plus marquantes, le Piterboth et le Pouce. Elle est à pic du côté de l'Est où se trouve la vallée de Moka; elle est, du côté de l'Ouest où se trouve Port-Louis, à pans inclinés avec falaises et ravins à direction uniforme S.-E., N.-O., légèrement courbés en forme de méandres. On reconnaît là le ravinement des glaciers plutôt que des rivières; ils rappellent en ceci les fjords de la Norvège, et certains vieux sommets de Bourbon, comme ceux de l'Entre-Deux, où les traces d'une période glacière sont manifestes.

Cette chaîne de Port-Louis se termine par le mont Ory qui fait suite au Pouce avec un affaissement circulaire et cratériforme. Les deux montagnes ont les mêmes couches basaltiques, mais une ligne de dislocation prouve que l'une a glissé contre l'autre. Et du côté Sud où le mont Ory est à pic et fait face à la montagne du Corps de Garde, on voit parfaitement qu'entre les deux crêtes angulaires qui dominent l'Anse Courtois et s'inclinent vers Port-Louis, a circulé une rivière dont le lit est parfaitement marqué et qui prenait

SALAZIE.
HELL-BOURG : LES TROIS PITONS SANS-SOUCI, LA PLAINE DES CHICOTS.

sa source sur les hauteurs de l'île avant l'affaissement de la vallée intérieure.

A Bourbon, où le sol volcanique est beaucoup plus élevé qu'à Maurice, les cratères sont toujours aux sommets des bombements de soulèvement. Celui qui s'est ouvert dans les flancs du mont Ory, à Maurice, a sa base au niveau de la mer et ses déjections sont aujourd'hui inondées. Pourtant, en passant en chemin de fer et en observant les berges de la Grande Rivière qui passe à ses pieds, j'observais un basalte jaunâtre qui n'est plus la roche noirâtre et fuligineuse qui compose le massif du Pouce et du mont Ory, et que Bory a parfaitement remarquée. Et, chose singulière signalée par

Jacob de Cordemoy, nous trouvons à Bourbon parmi les galets roulés du rivage Nord, un basalte jaune, et nulle part dans les couches constitutives du sol qui se laissent voir à Bourbon, nous ne retrouvons celle qui aurait pu fournir ce galet jaune. Après la formation géologique de la chaîne de Port-Louis qui n'a pu se constituer que par des couches volcaniques parties d'un point supérieur du côté de la vallée de Moka, les volcans à cratère marquant un âge nouveau, auraient donc paru à Maurice comme à Bourbon.

Mais quelle différence à noter? Ces chaînes bordières à pans caractéristiques où je vois la trace des glaciers, ces cratères où je vois la suprême expression d'un courant igné, n'ont pu que se former dans les altitudes extrêmes; elles sont encore élevées à Bourbon et au contraire descendues bien bas à Maurice.

Bory de St-Vincent, en venant aux Mascareignes, s'est arrêté d'abord à Maurice. Il a vu et visité en compagnie du géographe Lislet-Geoffroy (1), tous ces lieux que je cite. Il constate qu'ils sont d'origine volcanique; il reste confondu devant la singularité que présentent ces crêtes et ces vallons qui n'ont point l'aspect désordonné et abrupt du terrain plutonien; ils semblent avoir été modelés, travaillés par l'homme souvent, suivant des plans géométriques. Et il reste muet sur la formation géologique; il n'a pas ici l'élan, les sensations vives, l'enthousiasme que nous admirons chez lui lorsqu'il se trouve à Bourbon, le pays encore surélevé par rapport à l'autre et dont il comprend alors immédiatement les secrets de la structure, aidé, il est vrai, considérablement par l'expérience et les observations de son ami et compagnon de courses, Joseph Hubert (2).

Il n'a pas non plus, dans le rapide voyage qu'il fait aux Iles Sœurs, le temps d'étudier Bourbon dans ce qu'il appelle

______

(1) Lislet Geoffroy est né à Bourbon le 23 août 1755; on désigne à Saint-Pierre le pan de terre où il est né sous le nom de Ilette Geoffroy. Arago a donné sa biographie.

(2) Né à Saint-Benoît le 22 avril 1747. Son buste est au jardin de l'État à Saint-Denis. L. Maillard et Émile Trouette ont donné sa biographie.

le massif ancien, et il ne peut procéder par comparaison pour se rendre compte de ce que Maurice pouvait avoir été. On n'avait point non plus, à son époque, la connaissance du relief des fonds de l'Océan. Et celui surtout de la masse continentale, où Madagascar et les Mascareignes ne font qu'émerger leurs sommets, est, à lui seul, une révélation. Ici l'évolution du relief semble avoir été fonction d'un courant géogénique souterrain.

Pour nous rendre compte à Maurice de la formation du

SALAZIE.
RÉUNION. — HELL-BOURG.
Au fond : Terre-Plate; puis le Gros Morne.

relief qui reste inexplicable si on ne veut en raisonner que par les sites exondés, nous allons le comparer à l'un des cirques de la région élevée de Bourbon. La reproduction de deux vues nous donnant l'une la silhouette d'un des bords du cirque de Cilaos à Bourbon, l'autre la silhouette des montagnes de Port-Louis à Maurice, nous fera déjà voir que les mêmes causes ont produit les mêmes effets dans les deux îles.

L'île Bourbon, vue de la mer à l'Ouest ou à l'Est, apparaît comme un cône d'une régularité parfaite. Le Piton des Neiges, haut de 3.100 mètres, tout décharné et se décharnant encore de nos jours par des éboulements incessants, se tient au milieu de l'île entouré de trois puits immenses, les cirques de Cilaos, Mafate, Salazie, dont les fonds s'abaissent à une altitude moyenne de 600 à 1.000 mètres et dont les bords extérieurs à droite et à gauche sont à pans inclinés descendant vers la mer. Mais il est évident que, malgré ces grandes profondeurs, les bords supérieurs de ces cirques sortis des volcans passés se sont reliés à un moment. « C'est surtout à l'origine de ces cirques, dit M. Vélain (1), qu'on peut admirer ces magnifiques escarpements qui se dressent subitement, pour ainsi dire, d'un seul jet jusqu'à des hauteurs de 2.000 et 3.000 mètres pour former les points culminants de l'île, et qui peuvent être considérés aujourd'hui comme les piliers restés debout de la voûte effondrée qui s'étendait autrefois sur les trois cirques (2). » Il en est de même de l'île Maurice qui s'est dévidée par le milieu en gardant ses chaînes bordières, descendant vers la mer; là aussi une coupole supérieure a relié ces chaînes bordières aujourd'hui fortement écartées; là aussi un massif conique a été constitué par une poussée volcanique aussi violente que celle qui a élevé Bourbon. En d'autres mots, de ce que nous voyons à Maurice simplement, un pourtour de chaînes bordières descendant vers la mer, nous comprenons facilement que des bouches à feu, à la partie centrale, se sont élevées dans les airs et ont fait rayonner dans tout leur pourtour, les chaînes bordières qui ne sont donc que la base restée debout d'anciennes coulées parties de plus haut.

Mais pourquoi dans les pays volcaniques ces grands abaissements du sol survenant après les grandes élévations, ce qu'on ne voit pas dans les régions granitiques même lorsqu'elles avoisinent la région volcanique, comme à Madagascar? La solution de cette question nous donnera la preuve que Maurice faisait partie d'une terre plus étendue, en même temps qu'elle explique le courant géogénique. Quelle est, en effet, la loi

(1) Recherches géol. à la Réunion. Gauthier-Vélain, Paris, 1879.

(2) Je ne puis mieux choisir pour la comparaison que je désire faire. De l'avis de M. le professeur Lacroix dont nous suivons avec intérêt les publications sur notre volcan de Bourbon, les cirques de Cilaos et de Salazie constituent « l'un des traits catactéristiques de la topographie de cette île. »

CIRQUE DE CILAOS.

Ce n'est point le vide ensoleillé des grandes vallées de Cilaos, de Mafate, de Salazie !

qui préside à ces transformations méthodiques du relief des terrains volcaniques et qui faisait dire à Bory avec tant de raison dans plusieurs hypothèses géologiques qu'il donnait, « que Bourbon semblait avoir fait partie d'une terre plus étendue créée par des volcans et que d'autres volcans ont lacérée (1) » ?

§ IV

On ne peut mieux résumer ce que je désire démontrer aujourd'hui. Le sous-sol de Bourbon, celui qui porte les basaltes et les laves modernes, se trouve constitué par un amas considérable d'éléments trappéens et serpentini és (2), qui dénote qu'ils sont d'un autre âge volcanique; et leur source est tellement éloignée du quaternaire que nous n'en voyons plus la trace aujourd'hui. C'est l'impression d'ailleurs qu'on rapporte de tous les pays anciennement volcanisés, dont la volcanisation est dépourvue de cratères; on voit bien le produit volcanique, mais on ne sait d'où il est parti. Mais vint un moment où un soulèvement bien marqué se produisit au centre de l'île, et nous eûmes notamment deux orifices, le Piton d'Anchin et le Piton des Neiges qui recouvrirent tour à tour de leurs basaltes toute l'ancienne masse trappéenne en donnant à l'île tout son pourtour actuel, même la partie Est, où s'est produit plus tard un autre soulèvement bien marqué du reste qui donne naissance au volcan actuel, la Fournaise. La situation de ces deux volcans et le fossé tectonique où ils ont pris naissance, prouvent bien qu'ils évoluaient alors avec un courant géogénique de sens longitudinal comme ceux de Madagascar.

Mais pour que le premier soulèvement se soit produit, il a fallu que ce courant igné surgisse au centre de l'île. Ce courant est considérable, et il a évolué un moment dans un autre sens, dans l'Est. Et on suit sa trace par tous les pitons de

(1) Hypothèse souvent combattue, notamment par Jacob de Cordemoy dans sa flore, mais que je reprends aujourd'hui.

(2) Ce trapp est classé comme secondaire au Dekkan par les auteurs.

PLAINE DES CAFRES. — MARAVALAVOU.

Et le ton varié que donne au paysage le désordre confus des ravines, des remparts, des pitons, des îlettes, des hauts brûlés que l'on rencontre çà et là.

RÉUNION. — PLAINE DES CAFRES : UN PITON.

la Plaine des Cafres et autres qui furent autant de cratères
et qui ont jailli là où le courant a passé à l'intérieur de la
terre, de l'Ouest à l'Est pour s'arrêter à la Fournaise. On
dirait qu'à mesure que la croûte terrestre voyage de l'Ouest
à l'Est avec le mouvement de rotation de la Terre, elle procède
par craquements et fissures, et que tous les vides ainsi causés
par les écartements sont aussitôt comblés par la matière
ignée de l'intérieur qui remonte. Ainsi s'expliquent dans la
charpente bourbonnaise ces débordements épouvantables de
boues, de basaltes ou de laves qui se sont manifestés à certaines époques de crises géologiques. Ainsi éclate dans toute
sa beauté, dans toute son ampleur et sa grandeur, la théorie
de soulèvements, telle que l'ont comprise Léopold de Buch
et Alexandre de Humboldt.

Mais ce courant igné, en voyageant et en circulant à travers
la croûte refroidie de la Terre, ne peut se produire qu'en
corrodant et en absorbant une partie des parois à travers
lesquelles il passe; il emporte avec lui les matériaux qui s'en
échappent, se compose et se colore suivant la nature de ces
derniers, il élève et augmente la couche terrestre partout
où il déborde; il fait du vide au contraire dans les régions
supérieures du sol où le vide se produit en sous-sol. Et si,
indépendamment de ce courant intérieur qui emporte le
sous-sol, une autre cause de dépression, comme celle du poids
des glaciers, vient se produire à la surface de la croûte terrestre, on peut avoir une explication facile des particularités
hypsométriques de nos îles.

Ainsi s'explique la formation de nos cirques intérieurs à
Bourbon; le sol, qu'il y ait ou non adjonction de glaciers,
s'affaisse, s'affaisse lentement à tous les âges et finit par produire ces immenses vallées qu'on croit provenir uniquement
de l'érosion des eaux ou d'un cratère quelconque ! Ainsi s'expliquent toutes les failles en gradin qui se produisent au haut
des bords de ces cirques; toutes les brèches longitudinales
qui s'épandent le long des remparts intérieurs et qui paraissent
glisser sous les yeux dans les bas-fonds ou rester suspendues !

Malgré les lacérations du sol produites à l'intérieur des
cirques par l'érosion des eaux, ce lent affaissement de la voûte

Le Grand Brulé. La muraille de l'Enclos domine circulairement l'affaissement.
Brûlé est un substantif qui s'applique exclusivement à un terrain couvert de grosses laves noires, désordonnées, scoriacées, fracassées, dénuées de végétation.

primitive qui unissait les bords supérieurs se fait avec une certaine harmonie. On remarque à Cilaos notamment, que la couche supérieure des plateaux intérieurs est identiquement la même que celle du sommet des montagnes de l'Entre-Deux. Ces dernières forment pourtour et n'ont, comme ces plateaux intérieurs, rien reçu des déjections postérieures du Piton des Neiges. Le Bonnet de Prêtre, dans la partie centrale de ce cirque, est un sommet de l'ancienne voûte, aujourd'hui descendu; il s'affaisse et descend, comme nous voyons encore à l'Est, contre le morne du Grand Bassin, des lézardes se produire et les pans de la montagne glisser, portant au niveau de la vallée ce qui était au niveau du sommet de la montagne ! A Salazie, le Piton d'Anchin, qui fut un sommet volcanique beaucoup plus formidable que le Piton des Neiges, reste toujours dominant les bas plateaux du cirque bien que lui et ces plateaux soient descendus aujourd'hui de plus de 3.000 mètres de hauteur; il lui a fallu évidemment éructer à environ 4.000 mètres d'altitude pour fondre notamment certains points de l'île, tels que la montagne de St-Denis et le morne des Lianes, qui émergent visiblement au milieu des coulées du Piton des Neiges. Et on ne saurait comprendre ces cirques de lent affaissement par érosion interne avec les effondrements circulaires produits par un bombement de soulèvement, tels que la Plaine des Salazes et l'Enclos du cratère actuel; la première condition d'être de ces derniers est d'avoir un affaissement circulaire (caldeira) dans le sommet du soulèvement (somma), et au milieu de cet affaissement central une formation de cratères avec cheminée.

Pour terminer notre rapprochement entre les deux pays, supposons que Bourbon, dans sa partie Sud, s'abaisse de 1.000 mètres au-dessous de la mer; que paraîtra-t-il du sol de Bourbon qui entoure actuellement le cirque de Cilaos? Nous aurions une plaine intérieure bordée de remparts presque à pic. Du sommet de ces remparts et en dehors du cirque, les pentes s'inclineraient vers la mer, lacérées par des vallons en forme de méandres tels que sont actuellement les sommets de l'Entre-Deux et la plaine des Macques, et qui nous rappelleraient la rangée des montagnes de Port-Louis à Maurice.

Cette plaine intérieure aurait pour niveau les sommets actuels de l'îlette à Cordes, de l'îlette des Étangs et du Palmiste Rouge, et tomberait alors au niveau de la mer, comme à

BÉHASE.

Un grand bois (un Affouche) resté de l'ancienne forêt de Mahavel (Behaza).
Au fond, silhouette des monts de l'Entre-Deux.

Maurice les plaines de Moka et de Wilhems. On pourrait encore y voir, au milieu, émerger des crêtes conservant le même sciage des montagnes de l'Entre-Deux, preuve évidente qu'elles sont les restes intacts de l'ancienne voûte qui se reliait aux bords supérieurs du cirque.

Nous pouvons donc, grâce à Bourbon, ce type remarquable de terrain de volcanisation qui raconte si bien l'histoire des volcans de l'univers, nous expliquer ce qui s'est passé pour Maurice.

Et dès lors nous avons à entrevoir ce qu'il me fallait démontrer. Pour que Maurice ne soit plus que le fragment d'un cirque d'affaissement, il a fallu que son sol fit partie, comme a pensé Bory pour Bourbon, « d'une terre plus étendue formée par des volcans, et que d'autres volcans ont détruite ». Pour que la plaine et ses rangées de montagnes se soient abaissées, il a fallu qu'après avoir constitué la voûte supérieure de ces montagnes, un courant igné ait circulé sous elle, pour nourrir pendant de longs siècles les volcans voisins, volcans sombrés et éteints, il est vrai, dans les tourmentes de notre planète, mais qui avaient contribué à faire la terre étendue.

Et sous le flot bleu de la mer des Indes, on devine ces géants engloutis ! Sur le puissant socle sous-marin que la science géographique révèle, on sent qu'élevés au dessus des flots pouvaient vivre comme dans l'Inde des millions et des millions d'hommes ! Et ce socle pouvait avoir, comme à Madagascar, faune et flore splendides; il avait tous les climats. La sonde démontre comme à Bourbon des variations d'altitude, parfois s'arrêtant à 100 mètres et parfois tombant à 2.000 mètres, nous donnant l'image du Bénare et du Piton des Neiges dont la tête s'élève à plus de 3.000 mètres et dont les pieds tombent brusquement à moins de 1.000 mètres.

Et ces volcans qui ont forcément existé, puisque sans eux la topographie de Maurice ne serait pas ce qu'elle est, n'ont pu jaillir comme ceux de Madagascar qu'au milieu de massifs granitiques et métallifères à travers lesquels la masse ignée s'injectait. Et les failles gigantesques qui ont déchiré ces massifs ont aussi rapporté l'or et la pierre précieuse dont le voisinage a permis la constitution des plus anciens empires que l'histoire cite. La vaste terre, où Bourbon et Maurice, dans le Sud, sont perchées aujourd'hui comme deux pointes infimes, pouvait donc, comme on l'a reconnu pour les mines de l'Afrique Sud, offrir intérêt à l'homme préhistorique.

CHAPITRE VI

La richesse et la spécialité de la flore des îles Soeurs prouvent que cette flore dépendait d'un continent. Cette flore les rattache à l'Inde et surtout à l'Amérique, alors qu'elles en sont fort éloignées, et nullement à l'Australie et à l'Afrique dont elles sont rapprochées.

Les caractères de la flore mauritio-bourbonnaise sont appelés à frapper l'attention plus que jamais en raison de nos recherches du passé tertiaire. Il est bon de rappeler certains points que nous avons déjà relevés.

Geoffroy St-Hilaire, bien avant que la sonde ait révélé le relief du sol dans la mer des Indes, et simplement en raisonnant des particularités de la botanique, avait jugé que la végétation si riche et si variée, restée attachée à nos Iles Sœurs, ne pouvait provenir que d'un continent tout entier. Vinrent les études du fond des mers au siècle dernier, et tout un socle inondé portant les deux îles, égal à celui de Madagascar, apparut pour donner raison à l'illustre naturaliste. *Fiat lux!* On peut en juger par les dessins bathymétriques de la nappe sous-marine que donnent tous les grands atlas du jour. Il y a là un enseignement puissant pour les perspectives du préhistorique. L'orientation des plissements du sol dans la mer des Indes, tels qu'ils existaient avant le cataclysme tertiaire qui a provoqué le dernier bouleversement de la croûte terrestre, apparaît merveilleusement; ce sont de longues traînées longitudinales qui, toutes, se brisent à l'Équateur et se continuent jusqu'à l'Inde plus haut où on les voit surgir encore de nos jours, Chagos, Laquedives, Maldives. Chacune de ces crêtes méridiennes, comme Madagascar, est environnée par la mer, est séparée des autres par la mer comme au canal de Mozam-

bique; le canal St-Hilaire sépare Madagascar du socle mauritio-boubonnais-Cargados; celui-ci se sépare de Rodrigue
par un autre canal. Toutes avant de disparaître entièrement
sous l'eau, peuvent garder le sceau de leur origine commune
lorsqu'elles étaient en continent, mais s'individualisent et se
développent particulièrement et longitudinalement, la mer
qui les environna s'étant chargée d'isoler complètement
leurs espèces du reste du monde.

On s'était plu jusqu'ici à voir dans la formation longitudinale de la plupart de nos îles un écartement général qui s'était
produit au secondaire dans la carcasse terrestre. Ce mouvement
orogénique, bien que bouleversé par les événements du tertiaire, se laissait marquer çà et là, et le socle de Madagascar
notamment avait son cachet d'origine. De plus, on savait que
la grande île était restée isolée depuis cette époque, car la mer
qui l'entourait avait déposé les fameuses fougères restées
fossiles décrites par Brongniard sous le nom de glossoptères.
Une seule chose faisait douter de ce diagnostic de la science.
Les grands animaux d'Afrique qu'on croit être apparus sur la
Terre au tertiaire, avaient passé à Madagascar, et comme
conclusion on pensait qu'une relation momentanée avait pu
se produire au tertiaire par la grande île avec le continent
voisin, mais rien n'est moins prouvé au point de vue géologique.
Tous ces enseignements de la science ont leur importance,
car faire la paléogéographie du socle de Madagascar qui reste
encore entièrement exondé, c'est faire celle de ses frères en
géologie que l'on voit aujourd'hui gisant sous les flots.

§ Ier.

Bourbon, Maurice sont avec Rodrigue les principales îles
qu'on désigne sous nom de Mascareignes situées entre le 19º et
le 22º latitude Sud et le 5º et le 61º longitude Est. Le socle
sous-marin, sur lequel elles se trouvent, au Sud, s'est fortement affaissé par le Nord-Est, de sorte qu'elles se trouvent
sur un point de départ du penchement. Une séparation existe
entre Bourbon et Maurice, parce qu'il y a là la cassure qui
s'est produite lors de l'affaissement du socle dans le Nord-Est.

La distance qui les sépare aujourd'hui, 145 kilomètres, paraît grande; mais si l'on songe que la partie du socle qui porte Maurice a glissé sur une pente inclinée contre celle qui porte Bourbon et que la cassure qui fait la séparation s'est produite dans toute l'épaisseur de la croûte terrestre, on verra là tous les phénomènes décrits par les géologues, lors de la formation d'une *faille conforme* avec écartement par suite.

La distance qui sépare Maurice et Rodrigue étant plus grande, environ 400 kilomètres, il est rationnel de penser que d'abord le mouvement de projection a dû être plus fort pour cette dernière puisqu'elle se trouve au bas de la tombée, puis aussi qu'elle pouvait être sur un autre socle d'affaissement orienté au méridien comme celui de Bourbon et Maurice.

Les plantes indigènes de ces îles de la mer des Indes, même en y comprenant Madagascar, les Seychelles, les Comores, ont certainement entre elles une relation marquée, au point que Baker, dans sa Flore, établit d'après une statistique de Grisenbach, que les plantes qui leur sont communes sont de 50 % par rapport à la totalité de leurs flores. Mais ce que tous les naturalistes, qui ont visité ces régions, ont sans exception observé pour Maurice et Bourbon, c'est l'identité complète de la faune et de la flore.

La flore de Bourbon et Maurice a été étudiée au xviii\ :: siècle par Commerson, et sur les matériaux de son immense herbier classé par Lamarque, Poiret et autres, puis au siècle dernier Bory de St-Vincent, Dupetit-Thouars, Richard, Boyer, Bouton, etc., complétaient l'œuvre de ces derniers. Tous se sont extasiés sur cette parité parfaite des deux îles qui, malgré leur distance, de ce fait déjà, dénotait la commune origine. Et ces observations se faisaient au moment où la science botanique proclamait d'autre part que les espèces formées sur la terre avaient leur centre de création, leur lieu de cantonnement spécial, et qu'il n'était pas d'ordre naturel qu'elles pussent se propager d'elles-mêmes de pays à pays. Pour Madagascar, la même identité ne s'est pas produite, ce qui montre bien que leur séparation n'est pas de même date. Dans la grande île, la flore de sa partie occidentale n'est pas celle de sa partie orientale, séparées toutes deux, il est vrai, ou peut-être rapprochées par la formation volcanique qui est venue se localiser dans une faille méridienne préexistante; la partie occidentale est africaine, l'autre océanienne. Et dans le Pacifique, des îles beaucoup plus rapprochées entre elles que Maurice et Bourbon, ont leurs flores distinctes !

Cette singulière parité de nature, au point de vue botanique, ne ressort pas seulement des travaux encyclopédiques de nos devanciers, Lamarque et Poiret, des de Candolle, etc., mais aussi spécialement des monographies laissées par le Dr Baker (1) pour l'île Maurice, et par Jacob de Cordemoy (2) pour Bourbon.

Ceci est donc admis et enseigné au point de vue de la formation du sol et des espèces. Bourbon et Maurice n'ont été qu'une seule terre, séparées dans le passé par un cataclysme dont on ignore la cause, dont on constate néanmoins la manifestation d'une façon indubitable.

Mais j'ai autre chose à tirer de l'enseignement botanique. J'ai à établir que la flore mauritio-bourbonnaise, si belle, si riche, si originale et spéciale, ne peut avoir eu simplement pour centre de création, les deux points minuscules qui s'appellent Bourbon et Maurice, perdus sur l'océan Indien, mais qu'elle a appartenu au contraire à tout un vaste pays disparu, auquel les deux îles se reliaient; et, chose singulière, que ce vaste pays, à son tour, semble marquer une relation non pas avec l'Afrique et avec l'Australie qui ont des latitudes égales à celles des Iles-Sœurs, mais bien avec les régions indiennes et avec l'Amérique, les pays plus éloignés, ce qui signifie, pour tenter de parler plus clairement, que l'Amérique, après avoir voisiné avec le monde indien, s'est mise aujourd'hui aux antipodes, et que l'Afrique et l'Australie, qui en étaient fort éloignées, s'en sont au contraire rapprochées : ce qui, bien entendu, avec notre compréhension préconçue des choses de la nature, dépasse les bornes de notre imagination ! La question de botanique que je soulève a donc son intérêt marquant pour notre orientation en paléogéographie.

<hr>

(1) Flora of Mauritius and the Seychelles. London, Reeve et Co, 1877.

(2) Flore de la Réunion. Paris, Paul Klincksiek, 1895.

.Ah ! je ne pensais pas, en entreprenant la nouvelle étude que je donne aujourd'hui, qu'un des principaux arguments à présenter pour ma thèse archéologique serait une éclatante confirmation de ce que j'avais écrit précédemment sur les mouvements de la croûte terrestre. J'ai dit, en effet, que les bouleversements dont le Grand Océan a été l'objet dans des temps étonnamment reculés, avaient atteint une ampleur dont notre imagination ne peut avoir l'idée, que la croûte

LA ROUTE DE LA PLAINE DES PALMISTES.

terrestre flottant sur le grand magma liquide de l'intérieur et sous le coup de ses rencontres dans l'espace, avait eu des modifications inouïes dans sa forme première ; qu'elle avait voyagé, et notamment que l'Amérique était partie des confins de l'Inde éparpillant sur sa route les terres océaniennes ! Et voilà qu'un examen approfondi de la flore mauritio-bourbonnaise nous fera voir qu'elle a sa puissante relation avec l'Amérique et qu'elle apporte ainsi une preuve éclatante à l'appui des découvertes paléogéographiques récentes.

Le voyageur qui nous a laissé le mieux ses impressions, Bory de St-Vincent, débarquant à Maurice, observe la végétation qui croît sur les routes, en pleine ville de Port-Louis; il retourne à son bord le jour même et rapporte une collection de plantes qu'il cite, les graminées, le *cynosurus indicus* et d'autres qui lui semblent nouvelles pour la plupart, puis 18 cotylédonées. Parmi ces dernières, une le frappe, *l'argemone mexicana*, très commune à Maurice comme à Bourbon. Surpris de trouver une plante américaine, il la classe comme naturalisée, et tous les auteurs, en raison de son autorité, font comme lui. Mais aucune plante n'est plus indigène aux Mascareignes, et Baker dit même qu'elle est partout dans les îles, désignant ainsi, comme on le fait à Maurice, toutes les terres éparses qui émergent au Nord de Maurice et de Madagascar. Le nom vulgaire de la plante indique bien que les premiers colons l'ont remarquée au début de la colonisation; elle s'appelle aux Iles Sœurs *chardon du pays*. Quand Linné décrivait la plante qu'on lui portait du Mexique et la dénommait de son nom d'origine, elle existait donc aux Mascareignes; et si tout autre avait décrit avant lui, aux Mascareignes, il eut dit *mauritiano* ou *borbonica*.

Mais ce n'est pas tout. Parmi les 17 autres plantes qu'il cite, page 164 de son livre Ier, nous voyons un *Parthenium*, cinq ou six *sida*, un *cassia*. Les sida sont généralement considérées comme américaines tout d'abord, les parthenium de même; les cassia sont autant d'Amérique que de la Basse Asie. Nous voyons encore certaines autres, communes à l'Inde et à la flore mauritio-bourbonnaise, deux *amaranthus*, le *galega purpurea*, *l'heliotropium indicum*. Quant aux autres cotylédonées qu'il cite, elles sont communes aux régions tropicales baignées par le Grand Océan, mais nous ne voyons rien qui soit particulier à l'Australie et à l'Afrique.

Le hasard veut que ce soit là l'image de la flore mauritio-bourbonnaise. Et Bory n'avait parcouru que les rues de Port-Louis ! Il n'avait pas encore pénétré dans les mystérieuses forêts des Iles Sœurs toutes pleines de leurs charmes et de leurs parfums pénétrants. Elles aussi ont parlé depuis lui, elles aussi nous ont raconté dans toute leur beauté et leur splendeur, ce que la Terre fut dans un passé que l'histoire ne peut point nous faire entrevoir !

§ II

Charles Frappier de Montbenoît, qui malheureusement a fort peu écrit, est assurément le botaniste qui mit au moins dans ses causeries, qui pour ses amis furent des enseignements, le plus en lumière, l'affinité remarquable, inexpliquée des espèces mauritio-bourbonnaises et des espèces américaines. Leur port spécial est frappant. Or, les deux groupes sont aux antipodes de la Terre, séparés d'un côté par l'Afrique et l'Atlantique, et de l'autre côté par le Grand Océan et l'Australie. L'Amérique est par suite la dernière contrée avec laquelle la physique actuelle du globe permet à ces îles d'avoir quelque relation ! Aucun courant marin d'autre part ne peut porter aux Mascareignes les espèces tropicales de l'Amérique; et si des espèces pouvaient être propagées dans ces îles par les courants marins, ce seraient d'abord les espèces australiennes, puisque le grand courant occidental de l'Australie remonte vers l'Équateur pour se diriger ensuite dans la région des Mascareignes, et aussi à un autre point de vue, parce que les espèces australiennes, suivant la remarque de Hooker, ont une tendance extrême à se naturaliser, ce qu'on ne saurait observer pour les espèces indigènes de nos Iles Sœurs qui généralement ne se naturalisent pas et qui s'éteignent dès qu'elles disparaissent de leur habitat.

Il est regrettable que les observations de Frappier n'aient pas été faites au commencement du siècle dernier, au moment où s'agitaient, avec les travaux de l'école anglaise et à la suite du grand Lamarck, toutes ces questions d'habitat, de descendance, de groupements et de distribution des êtres organisés sur la Terre. Ce que Darwin a admirablement résumé dans son livre de l'*Origine des espèces* : « Tous les auteurs, dit-il, s'accordent à reconnaître que, par suite de la nature spéciale de l'Amérique, la distinction de la Terre entre ancien et nouveau monde, constitue une division fondamentale de la géographie botanique !... Si l'on compare les *régions de l'Australie, de l'Afrique et de l'Amérique* entre les 25° et 35° de latitude Sud, il n'est pas possible, dans leur ensemble, de trouver trois flores plus *dissemblables*. Et au contraire dans les deux Amériques, entre les mêmes latitudes Nord et Sud, leurs espèces sont bien plus voisines entre elles que ne le sont dans le Sud, des productions africaines ou australiennes... Le fait le plus frappant et le plus important pour nous est l'affinité remarquable qui existe entre les espèces des îles et celles de la terre ferme la plus voisine... Il me semble, comme à beaucoup, que l'espèce a été créée plus probablement sur un point unique de la terre, d'où elle s'est ensuite répandue par ses moyens d'émigration. Il est universellement admis que l'aire habitée par une espèce est continue, que lorsqu'une plante habite deux points assez éloignés, ou séparés de manière à rendre la migration difficile, le fait est *considéré comme exceptionnel et remarquable.* »

Et comme Darwin le faisait aussi observer par un exemple, « le géologue ne peut s'étonner de rencontrer en Angleterre les mêmes espèces que dans le reste de l'Europe, puisqu'il sait que l'Angleterre a été reliée à l'Europe dans le passé », mais des exemples comme des espèces européennes trouvées en Australie et des espèces américaines découvertes aux Mascareignes sont, au contraire, faits pour ébranler toute théorie et déconcerter la science dans ses enseignements les mieux raisonnés. Ce résumé, fait si lucidement par Darwin, de l'enseignement botanique au siècle dernier, démontre de lui-même l'importance que j'attache ici à la parenté spécifique.

C'était vers 1855. Frappier, déjà surpris par l'aspect général de la flore dès le début de ses études, rencontrait sans cesse dans la forêt vierge de Bourbon, restée indemne de toute intrusion, une plante nouvelle qui l'intriguait singulièrement. Le port, l'éclat et la forme du feuillage, la fleur, tout lui indiquait une artocarpée de proportion minuscule. Mais comment l'admettre. Les artocarpées ont leur cantonnement spécial en Amérique, et des continents s'interposent entre Bourbon et l'Amérique ! Il s'en ouvrit à son ami Maillard, ingénieur colonial, qui travaillait alors à ses excellentes « Notes sur la

Réunion (1) ». Ce dernier, partant en 1860 pour la France, lui proposa d'en faire l'objet d'une communication à l'Institut, et lui demanda une fiche détaillée sur les caractères de cette artocarpée.

Frappier, très minutieux, on peut en juger par ses descriptions en la Flore de Jacob de Cordemoy, la décrivit sous le nom de *Maillardia lancifolia*, genre nouveau monotype, ayant

RÉUNION. — LES ALOÈS EN BORDURE D'UN CHEMIN DE CAMPAGNE.

sa place obligée, sa relation morphologique avec deux genres essentiellement américains, les genres *olmedia* et *pseudolmedia*.

Maillard remit la fiche de Frappier à M. Duchartre, de l'Institut, qui la trouva parfaite, mais ne résista pas au plaisir de la nommer lui-même. Sans égard pour la paternité de Frappier, il donna à l'arbre un autre nom, *Maillardia borbonica*, « destiné, disait-il, à mettre en relief ce fait curieux de géographie botanique : que ce genre est, à sa connaissance, le

(1) Paris. Dentu, 1862.

seul de sa tribu qui soit étranger à l'Amérique ». Et il disait encore : « Les deux genres *olmedia* et *pseudolmedia* appartiennent à l'Amérique tropicale, tandis que le *Maillardia paraît* être propre à la Réunion. » Frappier, au contraire, n'avait pas pris la forme dubitative; c'est précisément parce qu'elle y était certainement indigène qu'il le faisait constater. Si l'arbre se fut déjà rencontré au nouveau monde, M. Duchartre se serait écrié, comme Bory en se heurtant à son *argémone*, plante évidemment naturalisée à Bourbon. D'un autre côté, il est regrettable que M. Duchartre ait cru devoir retirer à la plante le nom de *lancifolia*, qui, à lui seul, était une description; et il n'est pas permis d'abuser du nom de *borbonica*, puisqu'avec la flore spéciale que nous avons il faudrait l'appliquer à la plus grande partie des espèces de Bourbon.

§ III

Et ces rapprochements de la flore mauritio-bourbonnaise avec celle de l'Inde d'abord, ce qui est compréhensible, et avec celle de l'Amérique, ce qui constitue une anomalie radicale, fourmillent (1). Ils fourniraient le sujet d'une belle thèse à un botaniste pouvant jouir des herbiers et des bibliothèques des grands centres. Et j'avoue qu'en raison de la difficulté qui se présentait jusqu'ici pour établir la parenté botanique, je ne me serais pas remis à parcourir le Prodrome, si les découvertes récentes de la paléogéographie ne démontraient pas de leur côté la liaison ancienne du sol des Mascareignes avec l'Amérique; elles m'ont encouragé à reprendre mes thèses anciennes et à tenter de mettre en lumière la remarquable observation de Charles Frappier. Et pour ne prendre que les dicotylédones du Prodrome, citons quelques exemples qui ne manqueront pas de frapper.

(1) Déjà en 1899, dans mon rapport sur le caoutchouc ci-après cité, je signalais cette singulière ressemblance entre les espèces américaines et malaises et celles des îles de la mer des Indes, à propos des plantes caoutchoutifères, apocynées, asclépiadées, euphorbiacées, morées, qu'elles sont seules à produire.

Les Bégoniacées sont également d'Amérique au nombre de 350 environ. Les Mascareignes en ont un représentant, le *bégonia aptera*, Roxb., découvert par Mézière de Lépervanche, et dont de Candolle propose même de faire le genre *Mezierea* (l. XV, p. 406).

Dans les malvacées, nous avons des genres réputés avant tout américains, tels que les *sida*, les *hibiscus*, les *pavonia !* Et nous en trouvons de très beaux et très nombreux représentants aux Mascareignes, presque tous indigènes, spéciaux.

Dans les linacées, les *erytroxilon* sont américains; il s'en trouve en nos îles : *E. hypericifolium*, *E. sideroxyloïdes*, *E. laurifolium* (Lam.).

Dans les burséracées, les *bursera* sont américains, et ils y sont représentés : *B. obtusifolia* (Lam.).

Dans les rubiacées, les cinchonées sont américaines; ces îles ont les beaux *Danaïs !* Les guettardées le sont de même; elles ont l'*Antirrhœa verticillata* (Comm.), les *Psathyra*, les *Myomma*, les *Pyrostria*, et tout cela plantes indigènes en ces îles.

Les turnéracées, dit le Prodrome, sont toutes d'Amérique. Et le *Turnera ulmifolia* (Lin'), existe dans la flore, aussi bien aux Iles Sœurs, qu'aux Seychelles. Aussi comme pour l'*agemone mexicana*, on le considère comme naturalisé.

Dans les labiées, le *Salvia coccinea* (L.) est américain; on le trouve en ces îles, et toujours on le juge naturalisé, etc.

Les beaux nattes (c'est-à-dire les plus beaux arbres des Iles Sœurs. : *Labourdonnaisia*, *Imbricaria*, *Sideroxylon*, qui leur sont spéciaux), se trouvent au Prodrome encadrés de genres essentiellement américains, tels que les *Bumelia*. Un auteur, Stendel, a voulu faire d'un de ces nattes un *Bumelia borbonica*. Indignation de A. de Candolle : « Impossible, s'écrie-t-il au Prodrome, les *Bumelia* sont toutes d'Amérique ! » (t. VIII, p. 192). Et voilà que les auteurs nouveaux veulent ranger ces nattes dans la catégorie des *Mimusops*, arbres à gutta de Sumatra, d'Océanie et d'Amérique ! Mais retenons le cri d'indignation d'Alphonse de Candolle, si naturel, si vrai, qui justifie si bien la pensée de Darwin reproduite ci-dessus, et l'étonnement de Frappier en découvrant le *Maillardia !*

Le Prodrome toutefois ne se montre pas toujours impitoyable pour l'affinité mascarino-américaine ! En son tome XV, sect. 1, p. 196, une rédaction plus large succède à l'orthodoxie de de Candolle; un autre auteur décrit la famille des laurinées; et à propos des deux Mespilodaphne que ces îles ont, et qui sont aussi très beaux comme arbres, le Prodrome proclame que ce genre est commun à l'Amérique et aux Mascareignes ! Observons avec soin le rapprochement finalement admis de la vaste Amérique avec les deux petits points perdus dans la mer des Indes.

Ce sont là des exemples que je cite au hasard et de mes souvenirs de Frappier, mort depuis 1885 ! Maintenant, pour suivre, un instant, une voie plus régulière et pour bien nous pénétrer de l'aspect de la flore, prenons la classification méthodique et ordinaire des espèces, avec le Prodrome sous les yeux, et en commençant par les grandes familles des Iles Sœurs; le caractère spécial, avec ressemblance américaine, apparaîtra ainsi bien mieux.

Légumineuses. — Elles sont plus de 8.000 au monde, mais aux Iles Sœurs nous trouverions une cinquantaine d'espèces au plus, franchement indigènes. La plupart de leurs genres sont cosmopolites sous les tropiques. Mais là même, dans ces genres, quelquefois apparaissent des espèces que les autres pays n'ont point. Par exemple dans les *Desinodium* qui sont environ 140 au monde et 10 aux Iles Sœurs, nous voyons trois espèces qu'on ne trouve que chez elles : le *D. Mauritianum*, D. C., le *D. albiflorum* Jac. et le D. *Incomptum*, Frap. Le centre de création leur appartiendrait donc ! Les *acacia*, si répandus sous les tropiques au nombre de 500 presque, ont, en ces îles, un très beau représentant dans les régions élevées, l'acacia *heterophylla*, Willd. Pour retrouver une espèce qui s'en rapproche, il faut aller bien près de l'Amérique, aux îles Sandwich (*Flore de Baker*, p. 96).

Nous voyons encore à Bourbon, dans les régions très élevées, deux *Sophora*, le *S. denudata* de Bory, et le *S. nitida* (Sm.), qu'on ne trouve nulle autre part, et pour retrouver trois autres espèces qui s'en rapprochent, il faut aller à la Nouvelle-Zélande ou aux îles Hawaï, les rares îles du Pacifique, dont l'affinité botanique avec l'Amérique est démontrée ! Deux genres dans la famille des légumineuses à espèce unique et endémique se remarquent encore : le *Strongyladon siderospermum*, Jac., et le *Bremontiera ammoxylon*, D. C.

ROSACÉES. — Elles sont plus de 1.000 dans le monde et elles ont dans nos Iles Sœurs des représentants qu'on ne trouve que chez elles : le superbe *grangieria borbonica*, Lam., genre encore monotype qu'on trouve dans le Prodrome encadré de genres américains. Puis le *Rubus rosæfolius*, Sm., le *rubus borbonicus*, Pers., le *rubus glaber*, Jac., se ressentent des espèces océaniennes, telles que le *rubus moluccanus* qu'on considère encore comme naturalisé à Bourbon parce qu'on l'a trouvé une première fois aux Molusques.

MYRTACÉES. — De 2.000 espèces qu'elles sont au monde, les Mascareignes n'en possèdent que 25, mais toutes spéciales à leur flore, le célèbre *fœtidia mauritiana*, Lam., qui disparaît, unique de son genre, qu'on trouve placé au Prodrome dans la tribu des lacythidées, plantes américaines; et 24 *Eugenia* propres, à la flore, se rapprochant des plantes asiatiques et américaines du même genre *jamrosa, giroflier* et autres cultivées chez elles.

RHAMNÉES. — Elles sont environ 500 sous les tropiques. Mais il suffit de citer les six de la flore mauritio-bourbonnaise pour reconnaître leur particularisme : le *zizyphus mauritiana*, Lam., qu'on reconnaît comme étant la forme première du jujubier de la Basse Asie, le *z. sphærocarpa*, Tul., le *gouania mauritiana*, Lam., le *g. tiliæfolia*, Lam., le *phylica mauritiana*, Lam. Et enfin le *scutia commersoni*, Broug., qui n'est que le *sinte* des Indiens; et à ce sujet Frappier faisait remarquer que *scutia* n'a aucun sens en gr. c ou latin et qu'il faut voir là un mot mal reproduit de l'herbier de Commerson, *scutia* pour *sintia*.

LAURINÉES. — Il en a été déjà question...

Je ne continuerai pas l'ordre de la classification; il nous faudrait passer toute la flore en revue; mon but n'est pas de me livrer à un cours de botanique, mais d'appeler l'attention sur des faits frappants de géographie botanique et tellement étonnants qu'on préfère les écarter en raison des conclusions inconcevables auxquelles elles conduisent.

Pour terminer, je passerai à deux grandes familles qui l'emportent dans la flore mauritio-bourbonnaise par le nombre considérable de leurs espèces. Là, la grandeur, la supériorité, la puissance de la nature des Mascareignes apparaîtront dans tout leur éclat !

Les fougères et les orchidées sont les unes et les autres dans le monde entier de 3.000 espèces environ. Les Iles Sœurs, ces deux points perdus dans l'univers, possèdent à elles seules plus du vingtième de cette quantité mondiale. marqué d'un caractère spécial comme si ces îles gardaient en dépôt chez elles la flore du continent disparu. Le particularisme des fougères avec l'extrême facilité que leurs semences ont à voyager, n'apparaît pas aussi nettement que celui des orchidées, dont la fécondation, la plupart du temps, ne se produit que par le butinage des insectes (1), comme l'a démontré Darwin. Cette dernière famille donne surtout une idée de ce que peuvent être pour les plantes, l'habitat ou le centre de création si bien déterminés par nos physiologistes du siècle dernier. On trouvera dans la « Flore de Maurice » et la « Flore de la Réunion », ouvrages déjà cités, les monographies faites par le Dr Moore pour les orchidées de Maurice, et par Frappier pour Bourbon. Les renseignements de statistique ou de physiologie qui accompagnent la description des espèces ne sont rien moins que stupéfiants. Il ne s'agit plus ici d'une production apparentée à l'Inde et à l'Amérique, mais bien d'une création spéciale qui n'a plus sa relation avec les autres parties du monde. On peut penser que cette grande famille aux caractères si nets et si tranchés, serait tombée sur la Terre après le fractionnement de l'ancien continent austral, et après leur séparation d'avec le monde américain (2). Des genres nouveaux apparais-

(1) Et Frappier ne manquait pas de me faire observer la tendance que les orchidées ont à prendre des formes d'insectes dans leur floraison, phénomène que je ne crois pas avoir été relevé par Darwin et les autres physiologistes qui se sont occupés d'elles.

(2) Ch. Frappier, qui ne se souciait guère de la géologie et dont la conversation et les causeries étaient pour moi de véritables cours de bota-

sent ici avec leurs espèces restées spéciales aux Mascareignes.
Et quand certains genres ont des représentants ailleurs, les
espèces rencontrées dans ces îles ne se trouvent que chez elles.
Cette spécialité a étonné le judicieux Lindley, surtout pour
la tribu si nombreuse des vandées qu'il croyait ne pas avoir
assez étudiée, en raison de ce qu'il ne lui trouvait aucun représentant en Amérique; ce qui ferait penser que le Grand botaniste, comme Frappier, avait déjà été frappé de la parenté
américaine des grandes familles.

Le Dr Moore, de l'île Maurice, en compilant les travaux de
Dupetit-Thouars, de Richard et autres, avait fait sa classification des orchidées des Mascareignes conforme aux données
de Lindley et à la méthode de Reichenbach; il les avait portées
au chiffre de 79, dont 59 comme propres à ces îles.

Ch. Frappier peu après publiait ses découvertes; et de ce chef,
dans la Flore de la Réunion, le Dr Jacob de Cordemoy put les
porter au chiffre de 172 (1). Il va sans dire que toute la mois-
son fournie par Frappier, ne se composait que d'espèces nouvelles, quelquefois même de genres nouveaux; ce qui peut
faire estimer que les espèces propres et particulières aux Mascareignes dans cette dernière quantité sont de six septièmes.
Aucun pays n'a jamais eu à son actif une flore aussi spéciale.

En somme, l'isolement de ces îles sur l'Océan Indien leur a
permis de conserver dans son intégrité presque la flore spéciale
du continent dont elles faisaient partie; et cet isolement

nique, me plaisantait, fort aimablement pourtant, sur ma théorie des
avènements sidéraux. Un jour qu'à mon tour, je le plaisantais sur les
orchidées, dont il me faisait remarquer l'extrême sensibilité sexuelle et
aussi leur peu de relation avec toutes les autres familles au milieu desquelles on les classe. « Tenez, me dit-il, au lieu de vous en prendre pour
vos débuts à la Chine, entreprenez de prouver que cette famille est tombée du ciel tout d'une pièce en dehors des autres, et je serai avec vous.
— Parfaitement, lui dis-je. C'est vous, avec vos propres idées, qui m'y
avez conduit. Comme Reclus pour la Chine, vous faites un *monde à
part* des orchidées; vous confirmez implicitement ma cosmogonie nouvelle ».

(1) On aurait tort de penser qu'il faut s'arrêter à ce chiffre. Je trouve-
rai bien, dans mon herbier, une douzaine d'espèces nouvelles à décrire.
Et le jour où nos botanistes futurs auront parcouru tous les coins et
recoins non vus par leurs devanciers, on les augmenterait certainement
d'un bon tiers.

peut dater de loin puisqu'en suivant la trace des bouleversements tertiaires dans le Grand Océan, nous ne pouvons que
constater, mais non encore nous expliquer, dans quelles conditions de rapprochement, l'affinité botanique et zoologique
s'est produite. Ch. Frappier, dans son « Catalogue des Orchidées » (édité chez Lahuppe, Réunion, 1880), faisait ainsi
ressortir, à propos des orchidées, la supériorité numérique de
notre flore insulaire : « plus de moitié au delà de ce que possède
l'Europe ! » Et il ajoutait : « Comme variété d'organisation,
il suffit de dire que l'île Bourbon nourrit en égale abondance
les ophrydées habitantes des c'imats froids ou tempérés, et les
vandées originaires des pays chauds; ce qui ne surprend pas si
l'on songe que cette île est comme une seule montagne dont
le pied baigne dans la mer sous un ciel tropical, tandis que
le sommet qui n'a pas reçu gratuitement le nom de Piton des
Neiges, perce la nue, à plus de 3.000 mètres d'élévation...

« Comme intérêt scientifique, voici le *Polystachia cultrifor-
mis*, avec deux étamines pour une, à la place de l'unique anthère
habituelle, seul exemple, paraît-il, du dédoublement parallèle
de cet organe, si parcimonieusement imparti par la nature dans
cette famille ! Voilà de plus l'*Amphorchis discolor*, et l'*arnottia
mauritiana* disputant au *catasetum* et à d'autres orchidées
américaines, le privilège de compromettre plus qu'aucune
plante n'avait osé, le principe de la fixité de l'espèce, car ils
portent jusque sur l'épi d'un seul et même pied, des fleurs
ayant les caractères d'espèces et de genres différents. »

La fécondation chez les orchidées ne se faisant que par le
travail des insectes, cette dernière réflexion de Frappier nous
indique qu'il y aurait peut-être à faire dans le monde entomologique de l'Amérique et des Mascareignes, les mêmes
rapprochements que je viens de faire pour les grands végétaux de ces deux parties de la Terre.

Déjà, par ce que nous avons vu du particularisme frappant
de nos orchidées, et malgré cette dernière observation de Frappier qui les rapproche du monde américain, il apparaît nettement que l'affinité que nous signalons ne doive pas se retrouver aussi facilement dans les autres familles dont certaines,
comme les fougères, les graminées, les cypéracées, sont quelque

peu cosmopolites. C'est par sa spécialité certainement que notre flore insulaire brille avant tout. Ceci n'est plus à être démontré, aussi bien pour les grandes espèces que pour les moindres. Ai-je besoin de rappeler l'étonnement de Barkly trouvant comme spécial à un îlot de Maurice, l'île Ronde, tout un monde de monocotylédones, uniques au monde, tout comme les serpents de l'autre îlot de Maurice, l'île aux Serpents, qui ne se voient que là.

Pour les cryptogames, nous pouvons citer comme exemple l'excellente étude que M. Émile Bescherelle a faite de nos mousses (1). Il en énumère 209 pour Bourbon, dont 50 sont communes avec les îles voisines et le reste absolument spécial à cette île. Et M. Bescherelle faisait observer au sujet de la parenté botanique « qu'un certain nombre de mousses de Ceylan, de l'Inde et de Java, sont remplacées à Bourbon par des espèces affines très voisines qui n'offrent bien souvent que de faibles différences quand on embrasse l'ensemble de la végétation, mais qu'on est cependant obligé de distinguer lorsqu'on ne s'occupe que d'une partie très restreinte du globe ».

C'est ce particularisme parfaitement constaté au siècle dernier par tous les naturalistes, qui faisait dire à Geoffroy St-Hilaire que nous avions peut-être dans Madagascar et ses îles, les restes de l'ancienne Lémurie ! C'est ce particularisme qui faisait à Haeckel supposer que nous avions là le centre de création des espèces, le point de départ de la dispersion des races ! Et Mac Wallace, après avoir adopté l'hypothèse avec frénésie, s'arrêtait bientôt et la combattait, car il aurait fallu, disait-il, admettre dans le passé de la planète des cataclysmes inconciliables avec son équilibre (2), ce que nous découvrons aujourd'hui !

Et nous y voilà donc ! Mais il me semble que c'était bien l'irréductibilité de la science (au sujet de la grande théorie de Cuvier) qui avait retardé jusqu'ici l'éclat de la lumière ! Il est évident que nos devanciers étaient déjà dans la thèse

(1) Flore bryologique des îles australes de l'océan Indien. Paris, Masson, 1880.

(2) BLANCHARD, *Revue des Deux-Mondes*, 15 décembre 1872.

que je présente aujourd'hui. Le temps a marché! Bien des faits d'ordre naturel, constatés, de jour en jour, par les sciences naturelles, deviennent des impossibilités radicales si on applique les données surannées, erronées de cette même science, notamment si on raisonne en supposant que la croûte terrestre est immuable, que, depuis l'arrivée de l'homme sur la Terre, celle-ci serait restée avec sa même forme, ses mêmes terres, ses mêmes mers. Encore une fois, il nous faut écarter bien vite tout ce qui nous reste dans notre entendement de l'enseignement biblique et rechercher au contraire le pourquoi des mystères sauf à les déchirer sans une ombre de respect.

Aug. de Candolle, en commençant son prodigieux Prodrome, disait en préface : *Vegetabilium nunc cognitorum immensus numerus ad quinquagenta millia et amplius pervenit.* Je veux bien que depuis que ces lignes s'écrivaient (1820), ce relevé de 50.000 pour les espèces botaniques connues, ait été dépassé; de Candolle l'a reconnu lui-même depuis. Lasègne, dans son *Musée botanique de Delessert*, supputant en 1845 les statistiques d'Endlicher et de Rœmer, choisissait le chiffre de 130.000 à 150.000 comme se rapprochant le plus de la réalité !

Jacob de Cordemoy nous a laissé la *Flore de Bourbon*, et sans compter les nombreux cryptogames non classés, il est arrivé à nous donner 1.959 espèces connues et décrites. Qu'importe ! Arrêtons-nous à ces chiffres officiels. Portons-les à 200.000 pour l'univers entier et 2.000 pour Bourbon. Elle ou Maurice porterait donc à elle seule la centième partie des végétaux de la croûte terrestre exondée, alors que toutes deux n'en représentent que la trente-six millième partie !

N'y a-t-il pas déjà dans cette statistique seule, quelque chose qui frappe et nous rappelle à la réalité d'une suprême anomalie? Est-il admissible qu'une flore aussi riche, aussi variée, aussi belle, ait pu se constituer d'elle seule sur ce point minuscule de notre planète alors que pareil phénomène ne s'est pas produit pour d'autres terres aussi isolées et pas même dans les mêmes proportions pour les continents ! Et n'est-ce pas là une nouvelle preuve que ces îles sont des pointes restées émergées non seulement de la vaste terre que l'on voit sous les eaux se prolonger au tertiaire sous des altitudes diverses jusqu'à l'Équateur, mais encore de cet immense continent que la science récente vient d'entrevoir au secondaire englobant dans son intégrité l'Amérique du Sud, une partie de l'Europe et de l'Asie et tout le sous-sol de l'Océan Indien? Cette énorme terre au contraire aurait donc longtemps vécu sous les rayons bienfaisants de l'astre du jour, avant qu'un choc ou un courant quelconque l'ait contrainte à s'abaisser sous les eaux.

Que d'efforts dans le passé, les plantes, que ces pointes d'émergement ont sauvées, ont dû faire pour s'y maintenir en désespérées, pour survivre au désastre universel qui engloutissait tout à leurs côtés ! Le bonheur de vivre, le sentiment de l'existence, cette dose de sensibilité que Frappier leur reconnaissait (1), vont donc assurément jusqu'à ces êtres infimes de la création ! Et elles ont résolu, à elles seules, ce grand problème de vitalité sur le sol enchanteur des Mascareignes, malgré toutes les tourmentes du passé que nous révèle la géologie, et alors que les grandes espèces de la création, les mammifères, l'homme lui-même n'ont pu s'y perpétuer.

En 1899, en revenant d'un voyage dans l'intérieur de Madagascar et sur la côte Est et Ouest, j'étais frappé du particularisme en botanique accompagnant le particularisme en géologie, et je donnais mon impression à mes collègues de la Commission administrative du Muséum et du Jardin botanique de St-Denis, sur l'abaissement manifeste et progressif de la Grande Ile à l'Est; et j'y disais ce que j'ai voulu établir plus haut, que le courant d'affaissement était le même pour les Mascareignes (2).

____

(1) Voir son catalogue précité.

(2) Ce qui nous frappe le plus, disais-je en cette conférence, quand nous nous heurtons à la côte Est de Madagascar, c'est non seulement de fouler dans les plaines, les mêmes espèces que nous avons quittées en sol découvert à Bourbon, mais encore quand nous pénétrons dans la forêt, de retrouver la plupart des plantes du pays natal et de découvrir dans les nouvelles que nous voyons pour la première fois, un air de ressemblance, une marque de profonde parenté qui charme et séduit. Prenez à cette côte, les sujets que nous n'avons pas à Bourbon, transportez-les

Je viens de faire un nouveau voyage dans l'intérieur de Madagascar, d'octobre 1911 à janvier 1912. Il m'a fallu pour me rendre dans l'Imérina passer et repasser, d'Ivondro à Brickaville, pendant tout un jour, par l'étroit canal des Pangalanes qui longe toute la côte Est de Madagascar, d'une façon uniforme, et qui n'est séparé de la mer que par une étroite lagune, d'une rectitude remarquable également. On dirait les bords d'un fleuve dont les eaux sont immobilisées ! On dirait que l'immense côte malgache, en s'affaissant près de la mer, forme là un repli d'une droiture parfaite, où les eaux des rivières viennent prendre place (1).

Du vapeur où je me trouvais, je suivais avec attention les paysages qui se déroulaient sans grande variété, le long des deux rives, et que j'avais déjà observés des pangalanes dans un précédent voyage en filanzane. Partout, un sol bas et inondé ! Du côté de la mer, le sable blanc et siliceux de Tamatave et de toute la côte, et, du côté de la terre, le même sable fin alternant avec les latérites et les argiles de toutes couleurs du sol malgache ! Partout la végétation descendait jusqu'à l'eau, les terminalia, les ficus, les phillanthus, les dombeya, les antidesma, les dracœna, les casmarina, les acacia, les citrus, etc., souvent avec racines presque nues, penchaient leurs branches jusqu'à l'eau, comme se sentant fléchir et résistant à peine à la chute fatale.

Parfois l'habitude de l'immergement graduel les contraignait

au sein de nos forêts, ils y seront comme au milieu de frères. Leur aspect ne tranchera pas comme celui d'une espèce d'Europe ou d'Australie. Et combien l'impression est différente à la côte Ouest malgache ! Là, la nature diffère du tout aussi bien pour la côte Est que pour Bourbon, alors que d'une part une mer profonde de 4.000 mètres sépare les deux îles, et que d'autre part sur la grande île, les deux régions Est et Ouest se relient en terre ferme simplement séparées par une chaîne de montagnes.

Cette particularité de nos faits de géographie botanique vient singulièrement confirmer mon observation sur les mouvements de la croûte terrestre en notre hémisphère sud.

Madagascar et les Mascareignes appartiennent à un sol d'écartement et d'effondrement, etc. (Rapport sur le caoutchouc.)

(1) Les Mascareignes, avec leur sol volcanique seul à émerger, n'ont plus de ces rectitudes parfaites sur leurs côtes. Pour Madagascar, c'est l'indice d'une grande cassure longitudinale et granitique. La carte à l'Est laisse voir une ligne tirée au cordeau.

à s'élever hors de l'eau avec des racines comme des échasses, tels les vihas, les vacoas, les palétuviers ! D'autres plantes s'ébattaient au contraire joyeuses dans les terres noyées formant marais; mais beaucoup, parties des régions hautes non inondées, changent aujourd'hui d'aspect, modifient leurs teintes, épaississent leurs feuilles par suite de leur séjour en milieu nouveau et près des flots. Les cypéracées et les graminées ressemblent aux joncinées, les bambous aux palmiers; de simples arums comme les vihas ressemblent

RÉUNION. — LA POSSESSION.

Vue prise sur le littoral à l'embouchure de la rivière des Lataniers.

aux bananiers (musa); des ravenals (musa) et des rafias (palmiers) ont le port des cocotiers. Les dracœna, les aloe, les astelia, les pandanus se confondent. On sent que le terrain n'est plus le même pour eux et qu'il leur manque sous les pieds. Ils ont hâte de prolonger leurs racines et de jeter leurs semences en arrière; ils veulent revivre dans leur descendance. Aux abords des régions qui s'abaissent le plus comme à Andevoranto en maints endroits, le système de l'ensevelissement par l'eau se faisait vivement sentir; c'est la forêt haute, touffue, mais noyée sur des étendues considérables, qui se débat pour ne pas disparaître complètement; l'arbre fleurit, fructifie et meurt aussitôt! La vue de cet ensevelissement par l'eau vous attriste et vous accable.

Ainsi, me disais-je, il en a été de même pour les espèces sur tout le socle mauritio-bourbonnais qui se prolongeait jusqu'aux terres asiatiques et antarctiques. Ce pan de la croûte terrestre, après les grandes secousses sismiques qui l'avaient isolé, avait dû s'abaisser lentement et glisser imperceptiblement dans les abîmes de l'écartement, entraîné par le courant géogénique. Quelles espèces ont pu survivre dans cette lutte contre l'eau et la raréfaction du sol? Les plus robustes évidemment suivant la loi de Darwin!

Ainsi s'expliquait donc aussi le grand nombre de genres à monotypes constaté par nos botanistes dans la flore des Mascareignes! Souvent, hélas! emporté dans la tourmente des premiers âges, le genre disparaissait tout entier, ne laissant rien pour affirmer l'échelle biologique et morphologique! Mais qu'importe! Nous pouvons aujourd'hui raisonner la filiation des espèces et remonter au temps de leur coexistence. Il leur fallait, à toutes comme à la grande faune, comme à l'humanité, un continent pour vivre et s'épandre. Et ce continent, nous le retrouvons! *Fiat lux!*

Et il me faut conclure dans les détails, après ces indications que nous donne la botanique, comme je l'ai déjà fait au point de vue linguistique et ethnologique pour les révélations que nous laissait le Grand Océan. Cette affinité, et presque cette identité de nature que nous venons de constater encore dans les espèces et les genres botaniques de l'Amérique et des îles de la mer des Indes, démontre, de par les données radicales de la science au siècle dernier, leur communauté d'origine. Rapportons-nous à l'enseignement de Darwin : un centre de création ne peut être à la fois aux deux extrémités de la planète, à des 20 millions de mètres de distance! Il se reliait donc quand les terres se reliaient. Et ce cri d'indignation, que j'ai relaté plus haut, d'Alph. de Candolle... à la pensée qu'on pût trouver à Bourbon des espèces réputées essentiellement d'Amérique n'est-il pas l'expression de la vérité.

Pour qu'il en soit ainsi, il a fallu ou que, dans des temps

profondément éloignés de nous, il se soit trouvé sur terre
une humanité nomade qui ait pu transporter et naturaliser
les espèces comme nous pouvons le faire de nos jours, et
rien ne nous permet d'entrevoir l'homme préhistorique avec
cette faculté d'évolution; — ou que ce centre de création ait
été dispersé, que des événements considérables dans le passé
aient d'abord broyé, fendu et divisé la croûte terrestre; et
puis, que cette dernière avec la rapidité des mouvements
de la Terre dans l'espace, sa rotation, ses pulsations diurnes
ait continué à se mouvoir, à s'avancer vers le soleil, au grand
profit des régions équatoriales.

Quel événement tout d'abord dans les dernières étapes
du secondaire, quand la flore de cette époque était constituée
et que les marsupiaux seuls précédaient en Europe l'arrivée
des autres mammifères, contraignit l'Australie à se détacher
de l'Europe qui alors n'avait pas l'Afrique au-dessous d'elle,
et à glisser par suite dans l'hémisphère Sud, où elle fut retrouvée sans changement dans notre période moderne, avec les
espèces marines du Groënland et des mers Britanniques,
avec sa faune et sa flore secondaire se rattachant plutôt à
l'Europe qu'à l'Inde et l'Amérique! L'événement remonte
certainement à des millions et des millions d'années. C'est à
la même époque que le continent austral, formé des terres
actuellement éparses du Grand Océan et de la mer des Indes,
de Madagascar, de l'Afrique, de l'Inde se fractionnait longitudinalement et s'écartait! Faut-il simplement le constater,
sans en rechercher la cause cosmogonique?

Quel autre choc encore pendant le miocène du tertiaire,
quand l'Amérique et les terres océaniennes étaient unies,
couvertes des mêmes espèces, les sépara, et éventra la croûte
terrestre au point de produire ce gigantesque compas de
volcans dont la grande charnière gît dans les îles Aléoutiennes
et qui va s'agrandissant sous la pression toujours constante
de l'Himalaya? Quel autre événement a donc disloqué tout
le sol du socle St-Hilaire, rasant dans une vague océanienne
ou dans la nuée ardente des cratères, la faune mammalogique
qui s'y trouvait. Ces volcans qui nous rapportent à la surface
de la croûte solidifiée, le sang intérieur de la planète, saignent

encore de nos jours sur les deux bras de ce vaste compas et dans toute l'Océanie, sauf en Australie. Et pourtant là encore, il y a des millions et des millions d'années que le fait de dislocation s'est produit. Faut-il ne pas en voir la cause ?

Chose enseignée encore ! A bord de ces vastes vaisseaux flottant sur le grand magma liquide de l'intérieur, évoluant entement, lentement, au point qu'on ne pourrait peut-être pas s'apercevoir de quelques millimètres de marche en un siècle, les cataclysmes sans nom qui bouleversaient la surface terrestre, n'anéantissaient pas partout les espèces qui y vivaient à ce moment. On en trouve des représentants dans les âges suivants !

L'Australie, dont on ne peut douter de l'isolement pendant le tertiaire, à en juger par ses espèces restées stationnaires, voguant dans l'Océan au milieu des plus grands abîmes connus, a écarté et rebroussé devant elle le lambeau longitudinal de l'Inde resté en arrière de l'Amérique, et qui forme aujourd'hui les grandes et longues îles de même nature qui l'entourent. Un simple coup d'œil jeté sur une mappemonde nous fait voir l'Australie, comme un gros vaisseau sur le magma intérieur, pénétrer dans les eaux du Pacifique et chasser devant elle la menue flottille des épaves de l'ancien monde américain et indien.

Et ce n'est pas d'aujourd'hui (je le fais observer en raison de la découverte récente du grand continent austral) — que l'attention se porte sur ces grandes anomalies de la physique du globe. — Si St-Hilaire a été le premier à éveiller cette attention, comment ne pas reconnaître que naturalistes et géographes s'en pénétrèrent depuis lui. Je viens de citer l'exemple de Frappier de Montbenoît; puisons une citation chez MM. Reclus :

« La plupart des grandes îles voisines des continents, dit M. Élisée Reclus (Phénomènes terrestres), ont la même origine que les côtes fermes les plus rapprochées, puisqu'elles n'en diffèrent ni par la constitution géologique, ni par les espèces fossiles ou vivantes.

Mais il est aussi des massifs insulaires dans lesquels les

Photographie P.

Panorama de la Rivière Saint-Denis.

géologues ne sauraient voir autre chose que des témoins d'espaces continentaux actuellement disparus. Ainsi Madagascar, pourtant assez rapproché de l'Afrique, semble une sorte de monde à part ayant une faune et une flore qui lui appartiennent en propre et possédant même des familles entières, notamment de serpents et de singes qui n'ont pas d'autres représentants sur la planète. De même, chose étrange, l'île de Ceylan à demi réunie à l'Indoustan par les écueils, diffère beaucoup de la péninsule voisine par la physionomie générale de ses animaux et de ses plantes, et l'on peut se demander si, au lieu d'être une simple dépendance de l'Asie, elle n'est pas, au contraire, le mince débris d'un ancien continent qui s'étendait à la place de l'océan Indien et comprenait Madagascar et les Seychelles. Parmi les fragments de ce monde disparu, il faut ranger probablement aussi par des raisons analogues, la plupart des Antilles et la Nouvelle-Zélande. »

On ne peut pas être plus explicite, et c'est certes là, bien avant Neumayer, un lumineux rapprochement des bribes de l'ancien continent austral, avec cette heureuse donnée pour mes déductions : c'est qu'on ne peut méconnaître toute relation géologique de Ceylan avec l'Inde sans supposer qu'elle soit venue s'adosser contre celle-ci; c'est qu'on ne peut rattacher les Antilles, l'Inde et la Nouvelle-Zélande, sans supposer qu'à un moment l'Afrique n'était pas entre elles. — L'Afrique était donc éloignée de l'Europe, de l'Égypte et de Madagascar; elle est venue se presser contre ces dernières absolument comme nous sommes obligés de reconnaître que l'Australie est une intruse dans la mer des Indes et le Pacifique.

Qu'on me pardonne de revenir sur ces grands mouvements de la croûte terrestre dont je me suis occupé dans mon livre Ier. Il y a près de trente ans que je l'écrivais, et depuis je ne suis pas revenu sur mon hypothèse des avènements sidéraux et par suite sur l'hypothèse de l'essaimage des espèces nouvelles sur la Terre par la voie astrale. Les traditions de l'Inde et de la Chine, les étymologies que j'ai données en mon livre II disent vrai. Un monde et non pas un simple bolide, pendant le tertiaire, s'est annexé à notre planèt par le Nord. Sa pression, son incorporation, a causé l'épanouissement de celle-ci à la façon d'un fruit trop mûr qui se séparerait en valves longitudinales, et à pointes pyramidales. Or, toutes les pointes pyramidales, comme le sont encore l'Afrique et l'Amérique, se rapprochaient au pôle Sud pendant que les valves à l'Équateur s'élargissaient et s'écartaient. Il n'a pas dépendu, au fragment longitudinal qui continuait les Indes dans le Sud, de vivre encore au dessus des flots; un autre courant géogénique, en lui enlevant son sous-sol, l'a déprimé et abaissé.

Et il me reste précisément, pour suivre mon coup d'œil rapide sur le Grand Océan, à exhumer des bribes exondées du socle St-Hilaire les traces du monde qui y a passé avant la catastrophe de la mer des Indes. Et avant d'aborder mon livre V, j'aurai bénéficié de tout ce que découvrent journellement les sciences physiques et naturelles sur ces régions, pour tenter de décrire ce que pouvait être pendant le tertiaire la terre où s'étendent les îles de France et de Bourbon !

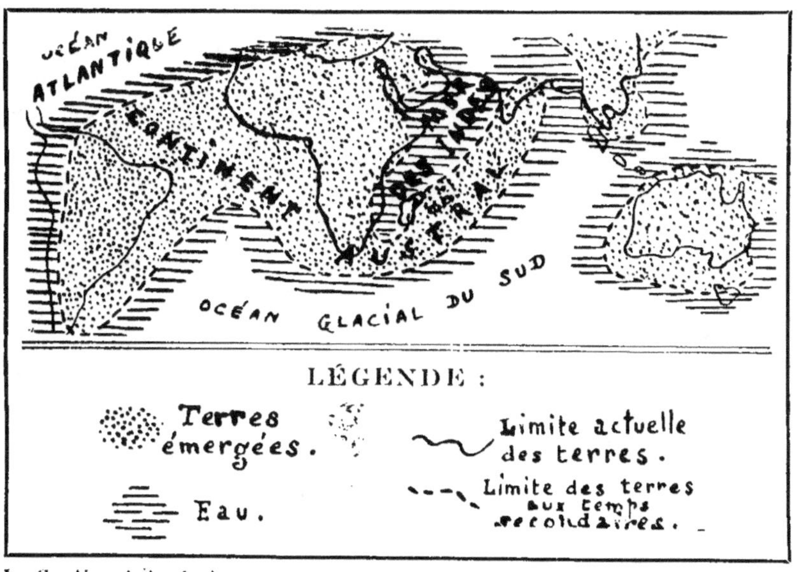

Le Continent Austral au commencement de l'époque secondaire : La Réunion forme un seul pays avec l'Amérique du Sud, l'Afrique, l'est de Madagascar et l'Indoustan.

LIVRE V

Le préhistorique à l'Ile Bourbon.

CHAPITRE PREMIER

Le buste d'Indra.

Depuis que j'observe la nature à l'île Bourbon, les particularités de sa faune et de sa flore ont été pour moi un perpétuel mystère.

Je ne pouvais me les expliquer, en raison de cette impression restée aux premiers explorateurs, que l'île n'avait jamais été habitée, et que les grands animaux du secondaire et du tertiaire, reptiles et mammifères, n'y avaient jamais paru; c'est l'enseignement généralement donné pour les terres du Grand Océan.

Et pourtant, me disais-je, l'homme tout au moins, dans les profondeurs du passé inconnu, avait dû forcément y vivre et y séjourner longtemps. Sans lui, sans un être intelligent doué de raison et rêvant d'améliorer son sort, le vieux sol de l'île dans l'Ouest, — celui que j'ai classé en mon livre **IV** comme étant du secondaire, et qui est d'ailleurs si différent du massif de l'Est, toujours soumis au Volcan, — n'aurait pas eu l'harmonie et l'aspect enchanteur que les Européens lui ont trouvés à leur arrivée. La nature n'aurait pas été si douce, si pure, si sélectionnée, si belle.

Pour juger par un exemple de la transformation mystérieuse qui a pu s'opérer de ce côté, observons la plaine déclive où s'est édifié le chef-lieu de l'île Bourbon, et où je retiendrai le lecteur au cours du présent livre, pour les enseignemnts que donne la montagne. C'est assurément un des endroits de l'île, ou les perturbations géologiques qui ont fracassé l'ancien continent austral, ont le plus marqué. C'est là, comme je l'ai expliqué au livre précédent, qu'un formidable déclanchement de la croûte terrestre, lors de l'écartement de l'île Maurice, s'est produit ! Le sol de la ville de St-Denis et celui du faubourg, qui lui fait face contre la montagne — tous deux séparés par la tranchée d'écartement où s'est localisée la Rivière, — se reliaient, précédemment, au plus haut sommet de la montagne St-Denis; ils se sont écroulés à 400 mètres plus bas. Cette partie de l'île, comme toutes les terres d'éboulement au pied des montagnes, aurait donc dû présenter l'image du chaos !

Et c'est pourtant là, que l'œil du navigateur, au XVIIe siècle du Christ, a été séduit pour rêver l'établissement d'une cité !

Partout le sol était aplani, nivelé ! (1) Et plus on se rapprochait du Cassé, plus la plaine se montrait belle et unie, quand le contraire aurait dû se produire ! Le flanc de la montagne lui-même, là où le mouvement de la dénivellation avait dû s'accentuer, devait rester le sol incertain par excellence; subissant le coup des moindres intempéries, comme en toute région d'escarpement. Bien au contraire, encore, les basaltes, les scories, les roches détachées, qui s'accumulent dans ce flanc décharné, restaient comme fixés et consolidés dans le sol !

Aussi, quand l'occupation commença, l'homme de la vallée, n'y remarquant point d'éboulis, s'y fixa avec confiance. C'est au pied de cette montagne de St-Denis, tout d'abord, que les Français ont bâti des camps et des établissements de toutes sortes, trouvant place pour le Fort, la Poudrière, la Redoute, le Cimetière, la Chapelle, pour, plus tard, de vastes Casernes et le superbe Hippodrome, qu'il aurait été difficile d'établir ailleurs; l'hippodrome surtout a un terrain intentionnellement aplati et qui résonne quand les chevaux y passent comme s'il était *caverneux!*

Et certes ce ne sont pas les rares voyageurs des débuts de la colonisation française, tous pauvres hères assurément, qui auraient pu se livrer aux grands travaux de terrement,

____

(1) Le nom de la localité *I sinth hény* signifiant *partout convenable,* d'où Saint-Denis, reflète bien l'impression des premiers occupants malgaches.

Panorama : La Rivière et le Camp Ozoux (Saint-Denis, Réunion).

Le lit encaissé de la rivière Saint-Denis entre La Montagne à droite et le Brûlé à gauche.

sans lesquels le chaos primitif des éboulements n'aurait pas disparu. Une humanité puissante qui se laisse entrevoir par les moyens considérables qu'elle a employés, y a donc passé, bien avant l'arrivée de l'homme moderne; l'île Bourbon ne peut donc pas être restée toujours inhabitée ! Et si l'humanité du passé a connu cette terre enchanteresse, pourquoi l'a-t-elle quittée, ou en a-t-elle été chassée? Et si des vestiges de son passage se retrouvent sûrement, de combien de temps en arrière date son existence sur cette terre, pour que la dissolution de ses fossiles ait pu *se produire ;* je n'en ai entrevu nulle part !

Cette idée ne m'abandonnait pas. J'inspectais les cavernes et les sédiments intercalaires des couches volcaniques; dans l'intérieur de l'île, je me précipitais sur les terrains d'éboulement, pour les étudier dans leurs fraîches cassures; je profitais de toutes les fouilles ou tranchées faites, en vue de nos constructions, même de celles causées par les causeries de la table tournante et des somnambules, assez nombreuses il faut le reconnaître ! Quelques débris de tortues, quelques pierres travaillées, dans des couches assez récentes, c'était tout. Et ce tout pouvait provenir des marrons, qui avaient pullulé dans l'île depuis l'occupation, ou de quelques naufragés. Encore une fois rien, rien qui pût se rattacher à une préhistoire pour Bourbon !

Mais voici que des excursions dans cette montagne de St-Denis, — et là seulement et pas ailleurs tout d'abord — me jetèrent dans une suite d'observations et de méditations, qui firent cesser à la fin mon découragement, et le transformèrent en passion absolue.

J'entrevis, à travers nos bosquets et sur nos sites les plus escarpés, des figures de pierre, à la façon du Dekkan, de Ceylan, des îles de Pâques, du Pérou, du Mexique, etc. Elles dataient, dès lors, d'une époque inconnue, irreconnaissable par la tradition; elles restaient inconcevables avec les données actuelles de la science, pour le monde austral. — Et je me convainquais, — après les révélations de la faune et de la flore aux Mascareignes, et encore par suite du modèle des figures qui m'apparaissaient, — qu'il fallait attribuer ces grands travaux de la pierre, peut-être les plus vastes qui aient été retrouvés, à une *humanité du plus haut préhistorique... préexistante aux événements anté-quaternaires* qui ont bouleversé, fracassé et émietté l'ancien continent austral; contemporaine, dès lors, des grands animaux disparus de la surface de la terre, et dont nous allons retrouver la reproduction, dans les figures gravées. Ne l'oublions pas, les grands

CAP DE LA POSSESSION, RAVINE DES LATANIERS, LA POSSESSION.
Encaissement de la ravine à Marquet.

animaux du quaternaire, dessinés dans les vieilles cavernes de France, le mammouth gravé sur un os de cet animal, et retrouvé dans les fouilles de la Madeleine, ont été les preuves évidentes de leur contemporanéité avec l'homme sur le sol de France.

Depuis la découverte de l'île Bourbon, la circulation s'est faite, principalement, par le littoral, sur tout son pourtour. Même entre St-Denis et la Possession où le cap Bernard (qui n'est autre que la montagne St-Denis qui nous occupe), finit à la mer, par un cassé brusque, les colons s'étaient pratiqué un sentier de 12 kilomètres de longueur, à travers les rocs et les galets de la grève. Et le parcours de ce sentier, au dehors de la montagne, coïncide avec celui qu'a parcouru depuis, à l'intérieur, le long tunnel percé, en 1883, pour le chemin de fer.

Les colons ont donc circulé depuis les quatre siècles de l'occupation moderne, sur cette partie du littoral, très fréquentée de Bourbon, sans avoir eu à relever, comme à Maurice, des signes (1) ou des points étranges dans le paysage. Ce n'est que depuis une trentaine d'années, sans doute à la suite d'une coupe d'arbres ou d'un incendie, ce qui aurait produit éclaircie, qu'on remarque dans la pente orientale de la montagne, et dans la direction d'une crête dite *Tête malabare*, une autre crête, beaucoup plus élancée, plus basse, et dominant bien encore de 50 mètres, la Caserne militaire qui se trouve à ses pieds (2).

Cette crête surgit brusquement à la sortie du tunnel; elle a l'apparence d'une tête humaine. Le nez aquilin, le port noble, le buste en avant, font penser à Napoléon, à Louis XVI. Un arbre, ou même un simple arbuste, poussant et interceptant la vue, ne ferait plus penser à l'étrange silhouette que les voyageurs chaque jour regardent avec surprise. Mais les laves, les roches roulées, les arbres, les nuages, les ombres, prennent aussi parfois des aspects d'êtres vivants. Hasard étrange, se dit-on! Comment admettre que la montagne aurait pu être ainsi, intentionnellement taillée, et dans des proportions aussi énormes surtout!

On n'y pense plus bien vite. Avec la marche du train, le pan de montagne change; St-Denis apparaît sur la rive *opposée;* l'impression est emportée. Passant, et repassant souvent par le train, j'étais bien obligé, à mon tour, de regarder,

(1) Les premiers voyageurs en furent, en effet, frappés à Maurice, au point de l'avoir dénommée tout d'abord Ile des Signes, dont on a fait ensuite île des Cygnes, bien qu'aucun palmipède de la faune ne pouvait lui faire attribuer ce nom.

(2) La caserne est le grand bâtiment, long et droit, qui apparaît à droite dans la grande carte *b*.

mais la vue du paysage m'excédait, sans que je pusse m'en expliquer la cause ! Je n'osais communiquer ma pensée intime, en raison de l'opinion générale, qui ne voyait, là, qu'un jeu de la nature. Et à Bourbon, il faut bien se garder de soulever, brusquement, des questions tranchantes, de nouveauté et de vérité, même les plus simples (1). Ce serait l'insuccès ! Il vaut mieux les préparer. Comment, en effet, penser que depuis les quatre siècles que l'île a été découverte, alors qu'elle était inhabitée, un original quelconque se serait plu à faire façonner, si heureusement, cette crête de montagne, sans que la tradition ou une relation quelconque nous l'ait fait connaître !

Et en tout cas, dans notre période de civilisation, où tout travail se paie en raison de la force déployée, bien insensé aurait été celui qui aurait entrepris une œuvre aussi colossale, une sculpture aussi coûteuse, aussi difficile dans l'exécution, toute géniale qu'elle fût ! Et si, au contraire, elle datait d'une époque antérieure, comment se fait-il que dans l'endroit le plus habité de tout temps, l'on n'en ait pas été frappé dès le début, surtout lorsqu'on scrutait l'île, en vue de s'assurer si elle était ou avait été habitée?

Tout donc concourait à m'entraîner dans l'indifférence générale, lorsqu'en 1898, herborisant dans le flanc de la montagne, à la recherche d'un beau *Sarcostemma Mauritianum*, Boj, dit la *liane sans feuilles*, que j'avais vu précédemment en passant, et que me demandait le Dr Jacob de Cordemoy, — je vis tout à coup apparaître dans le bas, debout, et comme descendant les dernières pentes, un homme énorme, un géant, Gulliver par rapport à moi ! Ce n'était donc pas un simple profil, une découpure en broderie ! C'était une grosse masse ouvrée, une disposition de pierres, provenant d'un agencement voulu, donnant la même signification, vue du Nord ou du Sud, et de haut et de bas. La symétrie, dans cet agencement, pouvait seule produire ce résultat, et la

(1) J'ai certainement tort de médire de ma vieille île. Il en est bien de même un peu partout. Et puis il m'a bien fallu une vingtaine d'années pour me faire une conviction.

symétrie, c'est l'art humain ! Retourné à St-Denis, me plaçant sur la rive droite de la rivière, j'observais le morne. La tête semblait renversée, et se détachait peu. Le rocher me parut travaillé, pour simuler deux bras croisés sur le corps. Le pan de la montagne avait été déblayé derrière la tête, pour mieux la dégager. Et, chose surprenante, chaque fois que je changeais de position, sur la rive, pour distinguer les détails du morne, l'aspect entier changeait ! Était-il admissible, que l'architecte ou le sculpteur avait intentionnellement recherché, ici, des effets protéiques? C'était passionnant d'attraction.

D'un autre côté, familiarisé avec la géologie du pays, je trouvais à cette partie de la montagne un air étrange, du décharnement, un ton de vieillerie, comme quelque chose qui a été et n'est plus, une coquette qui fut belle, et restée avec une attitude à effet ! La vue de ces lieux me donnait, vaguement, le saisissement qu'on éprouve en plein bois sauvage, par la rencontre de traces ou de débris humains. Je me mis à observer l'état et la situation de chaque pierre, et à rechercher si sa situation était bien celle qu'elle aurait dû avoir, par la loi de formation, et par suite de l'écroulement de la montagne. Je ne me retrouvais pas. Telle crête qui, — avec le déclanchement du continent austral devait continuer à s'abaisser, se relevait, au contraire, et contournait, pour produire une forme animale !

Observons, en effet. La montagne est entièrement de composition basaltique; une loi de formation a présidé à la contexture, à la marche, à la direction, à la superposition des coulées; ici cette loi est troublée !

L'une d'elles, surtout, celle que j'appellerai la coulée maîtresse, est facilement reconnaissable, parce qu'elle occupe toute la région moyenne de la montagne, et — ainsi qu'on peut en juger par les vues panoramiques (*a* et *b*) que je donne, — la grande cassure du sol bourbonnais, laisse voir la succession des couches de cette région s'accumuler avec une direction S.-O.-N.-E. et avec une pente de 20 % environ.

Or, en suivant attentivement toutes ces couches basaltiques depuis la mer, et en remontant le cours de la rivière, on se

convainc facilement que la roche, partout, n'occupe plus la
situation que lui assignait la loi de formation; la pierre,
souvent, a été remuée, relevée, déplacée, accumulée visiblement sur certains points; de grands pans de la montagne
ont reçu des tracés, des hachures, des coupures, des tranchées,
qui tout réguliers et beaux qu'ils sont, n'en constituent pas
moins des anomalies à la formation naturelle. Les lignes
marquantes qui se montrent en opposition avec la stratifica-
tion et le rejet volcanique, sont tantôt droites ou brisées, comme
celles d'un géomètre, tantôt arrondies et contournées comme
celles du dessinateur. Parfois elles partent du sommet de
la montagne et descendent sans déviation jusqu'à ses pieds,
formant triangles, rectangles, pyramides; souvent même des
cercles et des ellipses qui s'incrustent dans ces derniers. Ces
dessins sont si colossaux que, de près, le rayon visuel ne
peut rien démêler de ce qui vous est apparu de loin; et quand
on s'est rapproché, malgré tout, c'est autre chose d'étonnant
et d'extraordinaire, qui surgit en apparence !

La photographie nous le fera voir encore.

Qu'on jette un coup d'œil sur la grande vue panoramique
du début, on jugera ici de la montagne dans ses grands détails !
Une triple rangée de coulées basaltiques semble s'être superposée sans interruption (1). Dans la rangée de la base, une
grande forme de Poisson apparaît déjà, mais une cassure
quelconque a pu contribuer à lui donner cette apparence;
puis vient la rangée maîtresse du milieu, l'une des plus impo-
santes que possède la géologie de Bourbon; elle a dû se
produire sans arrêt, avec force, et dans un état de fluidité
parfaite.

Qu'on observe, maintenant, les cartes 1, 17, 19, 26, 27 où
le même flanc de montagne a été pris sous des jours différents,
que de détails infinis ne permettent plus de constater la
connexion naturelle des plans; et jusque dans ce que j'appelle
la coulée maîtresse, on devine des pans entiers, tantôt soulevés,
tantôt abaissés !

Il y a dans toute cette cacophonie apparente, l'ordre d'une

(1) **Suivre** toujours sur la grande photographie A.

harmonie parfaite, le mystère d'un travail voulu, profondément ancien, antérieur peut-être, au démantèlement du grand continent austral; antérieur, assurément, à la dislocation de Maurice et Bourbon, et qu'il nous faut désormais étudier.

Je me rendis à l'Établissement des Engrais, situé au bas de la montagne, et sur la mer; on le voit apparaître en blanc, dans la grande vue panoramique; il est suivi de deux points noirs; ce sont les entrées du Tunnel.

Je priai le directeur, M. Técher, de m'indiquer la voie la plus facile, pour m'élever sur le Buste. Il m'offrit de m'accompagner, et nous prîmes un vieux raidillon, dont on peut suivre le tracé, par la courbe laissée dans la montagne, par la forme de poisson dont je viens de parler.

Obliquant ensuite à gauche, par le premier col qui s'offrait à nous, nous vîmes au-dessus de nous, dans le ravin qu'il fallait franchir, une très grosse pierre, droite, et levée à la façon des menhirs de Bretagne ou des Vatoulas de Madagascar.

Nous nous engagions dans le col, lorsque nous observâmes encore une pierre, droite et levée, comme une grande borne, plus petite, dès lors que celle déjà entrevue. Contre la tête, et par derrière elle, d'énormes pierres, parfois de rivière, ce que leur forme arrondie décelait, avaient été poussées jusque là et calées; mais rien ne révélait ce qu'on avait voulu y faire. Les eaux des pluies, depuis les siècles qu'une harmonie quelconque y avait été recherchée, avaient tout bouleversé. Peu de végétation parmi les débris de roches entassés dans le col! Je remarquai pourtant un *abrus precatorius L.*, dit Cascavelle, dont les graines rouges, tachées de noir, ont servi d'ornement à plus d'une idole du Grand Océan, et qu'on trouve assez rarement dans l'île.

Sur la tête, un gros basalte, qui me parut avoir été placé, avait été démantelé par un écartement, dans ses fissures, et servait de couronne frontale. Et je restais rêveur, en songeant à la force extrême qu'on avait déployée pour l'agencement de ces pierres, qui, de près, ne signifiaient absolument rien, et qui n'avaient été agencées que pour produire leur effet de loin !

Quels avaient donc pu être les moyens employés par le constructeur, pour arriver, de loin, à faire donner une forme humaine, si précise, à cet amas de roches soulevées, et souvent restées disjointes.

Tout est, en effet, confusion pour celui qui inspecte le lieu; il n'y peut deviner l'aspect qui se révèle au loin, et, avec la faiblesse de la nature humaine, son premier mouvement est de douter. Puis, pour y travailler, les architectes avaient employé des procédés télémétriques, que nous n'avons pas, et avaient dû se trouver, tantôt sur ce lieu de construction, tantôt à des milliers de coudées de distance, pour juger de l'effet produit, et pour transmettre, par signaux, leurs ordres aux ouvriers. Il est, dès lors, tout naturel de penser qu'un nombre considérable d'humains avaient pu s'agiter, là, comme pour les travaux d'Égypte et de l'Inde.

Sur le corps du Buste, avec l'espace creusé pour simuler des bras croisés, on avait fait un sentier circulaire, ébréché par endroit. Face à la ville et à la mer, on constatait que le morne s'était quelque peu effondré, et tout le détail de la contexture apparaissait alors.

O stupeur ! il fallait constater que le haut du morne formé d'un bloc basaltique, avait été posé là, sur de véritables fondations de pierres, tellement soudées, qu'on les croit cimentées ! Descendant à la base, je remarquai que c'était la partie éboulée, et finissant verticalement, qui, de la Redoute, servait de cible à nos canonniers. Çà et là, on voyait les brèches faites par les boulets.

Je sentais bien que ce buste ne s'était pas produit de hasard, lors de l'éboulement causé par l'effondrement de la montagne, mais, encore une fois, comment l'attribuer à l'humanité d'Occident, venue depuis trois à quatre siècles?

Rien de pareil ne se constate dans la statuaire moderne.

J'inspectais partout autour du morne, je soulevais les pierres pour tenter de trouver un débris de métal, d'os, de pierre travaillée ou polie, qui pût attester le préhistorique; mes recherches furent toujours vaines.

En partant pourtant, et en suivant d'un pas pressé dans le flanc de la montagne, un vieux sentier renforcé, par endroits, de pierres sèches, M. Técher qui me précédait, me fit voir un enclos, fait également de pierres juxtaposées, construit sur la déclivité du rempart, et dont, me disait-il, on ignorait l'origine. Je n'y voyais rien de particulier, je n'y pris pas garde sur l'heure, pensant qu'il pouvait être l'œuvre d'un ancien habitant de la montagne, ou des anciens chasseurs de tortues.

Mais je regrettais de ne pas l'avoir scruté, et, quelques jours après, revenant à St-Denis, j'allais revoir M. Técher, qui malheureusement cette fois ne put m'accompagner; il était souffrant. Je refis donc seul l'ascension et allai droit inspecter cette fois l'enclos.

Il est construit sur un talus assez étroit du rempart, et qui, lors de la construction, pouvait avoir son horizontalité dans le haut, mais qui depuis a versé dans l'Est.

Il restait malgré tout attaché au pied de l'étage basaltique, très ferme, en cet endroit.

Cet enclos n'a rien d'antique, ni d'artistique en lui-même; on dirait un de ces parcs à porcs du pays faits de pierres, non travaillées, et placées les unes sur les autres, suivant leur clivage naturel.

L'agglutination de ces pierres ne ressemblait en rien à celle du massif qui servait de fondation au Buste, et dont j'ai parlé plus haut. Cet enclos de pierres sèches, comme on les appelle, semble dater d'hier. Sa modernité est un anachronisme au milieu de l'archaïsme qui l'entoure.

Et alors, c'est sa situation qui devient intrigante. Il est juché sur le bord d'un rempart, défiant toute habitation humaine; il entoure un gros bloc, barrant le passage, qui, à première vue, ressemble à une pierre tombale, ou à une pierre à sacrifices; et avant que son côté nord se soit effondré, il pouvait mesurer quatre mètres sur cinq.

Mais bien des choses étonnent !

1° Au-dessus de cet enclos, et dans la grande coulée basaltique qui marque magistralement au milieu des couches de la montagne, ainsi que je l'ai expliqué, se dressent deux

Dessin exécuté de la main de l'auteur, le 20 juin 1912.

fentes verticales (1), taillées dans le cap accore, et presque aussi hautes que le morne où se trouve la Tête humaine. Au point de vue géologique, on ne s'explique pas la formation de ces deux cannelures rectilignes. S'ils provenaient, naturellement, de fissures de la montagne ou de sillons parallèles de la strie des eaux, il y aurait eu suite et continuité dans la roche, haut et bas.

2° Autre anomalie. Bien au-dessus de l'enclos, dans le rempart accore, au milieu de scories, intercalées dans la couche basaltique, et sans moyens pour y accéder, une cavité, ronde, se montrait en forme de caverne volcanique; mais elle s'ouvrait en sens opposé, à la coulée verticale, contrairement à la production naturelle de ces sortes de cavernes. Je concluais donc qu'elle était aussi œuvre humaine.

3° J'étais déjà frappé de ces particularités, je fis le tour de l'enclos du côté du rempart. Là, les fondations mises à nu, avec le mur de pierres sèches qui les continuait, pouvaient bien avoir cinq mètres de haut.

En contournant ces fondations pour passer dans le nord, je remarquais que le mur s'abaissait tellement qu'il finissait par disparaître au nord. Arrachant et coupant les herbes et arbustes qui se trouvaient de ce côté (2), j'arrivais à une découverte qui ne fut point banale.

Entre la grosse roche entourée et le mur, au fond de l'enclos, se dressait un parallélipipède de pierre dont je ne distinguais pas la nature à première vue, mais elle avait été évidemment placée là, par un être humain; elle sortait de terre de 15 centimètres environ.

Sur ce *parallélipipède* servant de support, une *pierre plate de un mètre* de longueur, était posée avec une *cale* intercalaire, et sur cette pierre plate, on en voyait *une autre à forme triangulaire*, parfaitement juxtaposée. La pierre plate posée à l'origine, horizontalement, penchait, et ne touchait plus

---

(1) Observer ces deux fentes qui, dans le Zodiaque gravé dans la montagne et ci-après décrit représentent le *Verseau*, identiquement semblable ici à celui du temple de Denderah d'Égypte (V. Volney).

(2) Je m'étais précautionné d'un sécateur et d'un fort couteau.

à ses deux extrémités à la grosse roche entourée et au mur de l'est.

Tout cet appareil de *polyèdres* versait à l'Est, comme affaissé, comme retenu, seulement, par un arbuste qui avait poussé contre le mur.

Et le parallélipipède, dressé, formant à la base deux séparations égales, l'une du côté du mur, l'autre du côté de la roche, on y reconnaît deux embrasures visiblement façonnées, comme pour la cheminée d'un four, notamment :

Malgré la régularité de la taille de ces pierres, on ne voyait pas trace du *marteau d'un maçon ; aucun mortier* ne semblait avoir été employé quelque part dans la construction; on a fait pareille remarque dans l'Inde pour les agencements de la pierre des monuments préhistoriques. Puis, la symétrie apportée dans le mausolée, indiquait qu'il y avait eu, là, un *travail voulu*, ayant eu une signification quelconque.

Et, encore une fois, j'étais en pleine déclivité de rempart, à environ cent mètres d'altitude, et ne pouvais en vérité penser aux ruines d'une industrie moderne quelconque.

Un four à chaux? Mais à cette altitude, aucun sédiment calcaire n'apparaissait, et même, dans le voisinage, sur le littoral, point de formation corallienne !

Et je serais revenu à la supposition d'une pierre à sacrifices, si, — avec les descriptions que nous ont laissées les vieux monuments écrits, les hymnes du Rigvéda dans l'Inde, conformes aux récits grecs et Romains, — nous ne savions que c'était dans la plaine, où la foule pouvait se tenir, et sur l'autel parfumé d'encens, qu'on offrait le pain, les fruits, les victimes, l'ambroisie, ou le soma.

Depuis mon voyage à Madagascar, où la pierre se taille dans les grandes dimensions, par l'emploi du feu et l'injection subite de l'eau comme réfrigérant, j'ai pensé qu'une corrélation quelconque avait pu exister entre la construction de cet enclos, et l'érection du buste du voisinage.

Les fentes que j'observais dans la montagne, étaient sans doute les restes d'une ancienne canalisation chargée de porter l'eau glacée du haut dans le fourneau du bas.

Mais avec cette hypothèse, le mouvement de dénivellation du Nord-Est de l'île, que j'ai exposé ci-dessus, pour expliquer la séparation de Maurice d'avec Bourbon, ne pouvait être arrivé à ce point, la plaine de la Redoute devait s'élever plus haut, le bas du Buste ne s'était pas effondré, un corps d'homme, en entier, avait pu être façonné, là, dans la montagne représentant ce qu'est le Corps de garde à Maurice !

En d'autres termes, la plaine commençant à cette altitude, et se continuant, sans doute, en plate-forme continentale, tout un peuple d'ouvriers avait pu y façonner et mouvoir la pierre.

Je quittais ces lieux, malgré ces conclusions, au milieu de mille objections qui me venaient.

N'étais-je pas, en vérité, le jouet d'une illusion? Ne voulais-je pas, quand même, et quand même, trouver matière à préhistorique?

Arrivé à la voie ferrée, je me remis à contempler le buste. Sous l'empire de la déclivité, qui aurait pu s'accentuer dans la montagne, depuis la construction, la partie de l'abdomen paraissait avoir travaillé et s'être arrondie, lui faisant un torse en avant, mais à part ce léger détail, tout était d'une perfection remarquable !

Les artistes de profession, travaillant avec talent, et faisant de l'agrandissement, Bartholdi, de nos jours dressant sa statue colossale de la Liberté, Phidias, dans le passé, combinant et opérant pour son Zeus immense au temple d'Olympie, n'auraient pas mieux fait pour donner toutes les proportions voulues au corps et aux différentes parties du visage.

Retombant sur les oreilles, la bandelette antique qu'on retrouve sur les têtes égyptiennes et perses, se laissait deviner.

Le bras gauche se repliait sur le milieu du corps.

Et dans la coupe générale du visage, il n'y avait rien qui pût ressembler aux statues de l'île de Pâques et aux statues américaines du même genre, qu'on attribue aux Aymaras du Pérou.

Le type des deux cents statues de l'île de Pâques ne varie pas. Elles ont le front bas, la bouche grande, le nez droit et long, aussi long que le menton qui s'avance, et l'on n'a pas retrouvé ce type dans tout le Grand Océan.

Dans le Sphynx, de Gizèh, on reconnaît le type éthiopien, au teint noir, face ronde, cheveux laineux.

Dans les vieilles sculptures égyptiennes, et les bas-reliefs retrouvés aux Pyramides, et jusqu'au temple de Kranah à Thèbes, le nez droit fait penser à l'Indien, au Copte, au Fellah !

Ici, rien de pareil !

La voûte crânienne fortement élevée, le nez aquilin, la bouche petite, le menton dans la coupe du visage nous font penser aux Assyriens, aux Phéniciens, aux Carthaginois, aux Hébreux, et dans le présent, aux Incas et aux Peaux-Rouges d'Amérique, aux Juifs, aux Syriens et aux Arabes en Asie, aux Bédouins en Afrique, à la famille de Bourbon et aux Napoléon en Europe.

La taille du Buste bourbonnais peut rivaliser en hauteur avec tout ce que l'histoire et la préhistoire, dans ce genre, nous ont laissé. En Birmanie, sur la rive gauche de l'IRAOU-HADY (1), Yule remarqua bien dans le vieux temple de PAGAN (2), une statue de cinquante mètres de longueur, mais elle était couchée. Le simple buste de Bouddha à ANAKA-JAPOUR (3), de Ceylan, a six mètres de haut.

Le colosse du Ramassium à Thèbes, quinze mètres, celui du Japon aux yeux d'or, 16 mètres. Mariette, dans son exploration de 1854, relevait au Sphynx d'Égypte vingt-sept mètres en tête et corps.

Les Rapanui (4) des îles de Pâques, taillées dans le basalte, ont de cinq à vingt mètres de haut, etc.

Le Buste bourbonnais peut avoir la taille de la plus haute de ces statues, et si l'on tient compte de la chute qui s'est produite dans la basse partie du corps, il devait l'emporter sur elles, en proportion gigantesque.

---

(1) L'Iraouhady arrosé par deux grands fleuves, de *Iroahady*, les deux lits de rivière.

(2) PAGAN de *pakan*, tombé dans le discrédit, imposteur. Origine des mots païen et paganisme.

(3) ANAKAJAPOUR, de *Anaka haja pora*, l'enfant vénéré circoncis.

(4) RAPANUI. La plupart de ces statues sont encore couchées par terre. L'étymologie océanienne avec *Rapanohy* donnerait les gens nobles qu'on déterre.

De plus, à en juger par les effigies que nous rapportent les traités d'ethnologie, les Rapanui ne reproduisent que des profils: ils semblent avoir été façonnés dans les dykes basaltiques, que contiennent, presque toujours, les amas trappéens, et dont la verticalité a permis le travail facile.

L'artiste, en rognant les bords, n'a fait qu'une broderie, l'art ne s'est pas élevé chez lui plus haut que chez les premiers

RÉUNION. — SAINT-DENIS.
La tête du Malabare dans la Montagne.

Égyptiens et les Gaulois du néolithique, qui reproduisaient, tout, de profil.

A Bourbon, au contraire, la difficulté a été attaquée de front; la pierre a été travaillée et agencée pour donner toutes les formes du corps en même temps.

En rentrant en ville, j'étais toujours ébranlé, et pensant à nos canonniers, qui avaient pris pour but de leur tir, la base du buste (V. Carte N⁰ 5), je me disais que, d'un moment à l'autre, cette merveille de l'art préhistorique pouvait bien disparaître. Je n'avais pas d'appareil photographique, et le temps était beau. J'avais une voiture, je courais chez un jeune ami que ces choses intéressent, M. Beaumevielle, le bibliothécaire de la ville. Et c'est ainsi que j'eus, fort aimablement, la photographie qui figure en tête du livre.

Quelques jours après, je revins en excursion de ces côtés, accompagné d'un autre fort aimable compagnon qui s'intéressait beaucoup aux particularités géologiques de l'île, M. Pruche, directeur de l'agence des Messageries Maritimes. Nous projetions d'arriver au Buste ou tout au moins jusqu'à l'enclos. Le temps nous manqua, mais il prit du Buste une autre photographie, que je reproduis également, et qui, comme l'autre, fait voir le fini de la proportion dans la construction.

En raison des découvertes que nous aurons à faire par la suite, et qui, toutes, nous révéleront des travaux de la pierre, bien antérieurs par leur apparence, à ceux que j'ai relevés dans mon livre IV pour l'Inde et l'Égypte, je donne, au morne silencieux et désert de l'île Bourbon, le nom de **Buste d'Indra (1)**, « roi des dieux de l'Inde, le Divaspaty (2), seigneur étoilé ! »

Ce dieu partage avec Agni (3), dieu du feu, l'honneur d'être les plus anciennes divinités aryennes, celles qu'ont célébrées les premiers Chants de Rig-Veda (4), et la composition de ces chants remonte aux temps profondément reculés où les Aryens (5), peuples pasteurs, éleveurs de troupeaux, s'établissaient dans l'Inde.

Le soleil recevait aussi ses adorations dès cette époque, à diverses heures du jour, soleil levant, soleil de midi, soleil couchant, soleil de nuit, etc., et parmi les noms védiques que l'on cite, je vois Mithra, génie des peuples de l'ancienne Perse, que nous avons trouvé en Gaule, qu'on a vu en Amérique, qu'on voit au Japon, témoignages irrécusables de relations humaines dans le passé !

(1) INDRA, de *Indra*, l'étendue, l'univers par suite. C'est un panthéisme, tout d'abord.

(2) DIVASPATY, de *divatr'tsi paty*, le parfait non mort, l'immortel.

(3) AGNI, de *ahiny*, celui que l'on redoute.

(4) RIG-VEDA, de *arik voda*, memento de l'enseignement.

(5) ARYENS, de *Hary hen'*, qui produisent de la viande (des pasteurs par suite).

Indra paraît donc avoir été nommé par la branche mère des Aryens, bien avant que le courant religieux, dont se sont ressenties les vieilles civilisations en Chaldée, Inde, Égypte, Judée, Perse, etc., ait spécialisé et déifié le dualisme du bien et du mal, si bien marqué avec Ormaz (1) et Ahriman (2) dans le Zoroastre (3), et qui finit dans l'Inde avec le trimourty (4) ou trinité avec Siva, Vichnot et Brahma.

RÉUNION.
LA MONTAGNE SAINT-DENIS VUE DE LA RUE DE L'ÉGLISE.

Les traditions laissées par ces anciennes civilisations, leurs écritures symboliques et hiéroglyphiques, leurs notions astronomiques, astrologiques et théologiques, leurs langues même sanscrit, Zend, hébreu, couchite, etc., présentent tant de rapports entre elles, qu'il est enseigné, aujourd'hui, qu'elles

(1) ORMAZ, de *Hora-mahazo*, qui applaudit au bien, aux choses gagnées.
(2) AHRIMAN, de *Hary-manina*, qui produit l'affliction.
(3) *Zoroastre*, de *Zoroarsa*, deux dieux gouvernent.
(4) TRIMOURTY, de *telo morty*, les trois bons Dieux.

dérivent toutes d'une souche commune, non encore entrevue; et des auteurs, considérés et cités par Volney, comme Bailly et Paravey établissaient, il y a plus d'un siècle, qu'elles dataient d'un monde antédiluvien !

Il ne faut pas s'étonner de la puissante révélation que nos traductions et nos incursions archaïques présentent à leur tour.

CHAPITRE II

La Tête Malabare.

M. Pruche prit plusieurs autres vues aux environs du Buste d'Indra. Le temps s'était assombri et les paysages ne ressortirent point.

Pour m'en tenir lieu, il voulut bien me donner les grandes vues panoramiques de la montagne, que je donne au début; je ne les scrutais pas sur l'heure, n'ayant pas entrevu à ce moment le service inouï, et réellement révélateur, que la photographie peut apporter à l'étude du préhistorique. J'aurai à y revenir bientôt.

Mais je ne puis oublier une observation fort juste qu'il me fit, et sans laquelle, peut-être, je n'aurais pas mis ma persistance à rechercher les effets de la Tête malabare :

« C'est étonnant, me dit M. Pruche, que ce Buste humain nous apparaisse si bien aujourd'hui ! Au temps du lycée, lorsqu'on nous menait en promenade de ces côtés, nous ne la voyions pas; une seule crête nous frappait, c'est celle qui se montre dans le Sud, avant le tournant de la Rivière, en face de la Ville haute; nous l'appelions la Tête Malabare. Elle avait, en effet, cette apparence, avec un turban et de fortes moustaches.

« Aujourd'hui je ne me retrouve plus. »

Ce souvenir, évoqué par M. Pruche, ne me revenait pas.

En traversant la route de la Rivière, qui fait face à l'église de la Délivrance, j'avais bien entrevu, à gauche, dans la montagne, apparaître fugitivement une figure à tête longue, avec casquette, moustaches et barbiche, mais c'était plutôt une tête européenne (V. les cartes Nᵒˢ 6, 9, 13).

« Non, me dit-il, la Tête Malabare était bien apparente, très grosse et plus au Sud, là où vous voyez un pan détaché de la montagne, en forme de terrasse, juchée sur un pan arrondi. Observez bien, il n'y a rien là qui rappelle une tête. »

A partir de ce moment, quelle que fut ma position dans St-Denis, je recherchais et observais la crête indiquée; elle devait avoir son importance, puisqu'elle avait été la seule à être remarquée dans le passé. La plupart du temps, la colonne me paraissait tronquée, inachevée: y avait-on enlevé quelques

RÉUNION. — SAINT-DENIS. FAUBOURG DE LA RIVIÈRE AU PIED DE LA MONTAGNE.

pierres lors de la construction de la route de la montagne? Et parfois, des apparences vagues de tête humaine surgissaient quand je passais sur le littoral, d'où le pan de montagne se dégage bien. Plus d'étages dans la masse! On croit voir une tête assez béate d'indien, avec un buste recouvert du surplis, la vue est nouvelle, mais encore vague. Fallait-il attribuer l'effet au jeu des branches balancées par le vent, aux rayons du soleil tombant différemment sur les aspérités de la roche, toujours est-il que j'étais encore tenté de croire à une illusion!

Je résolus d'en finir, et montai à la montagne, en suivant les circuits de la route coloniale.

A cinq kilomètres de la ville je la rencontrai; elle est à gauche en montant, et en contre-bas de la route. On n'a qu'à franchir le parapet du côté du rempart, on se trouve en face d'elle; elle n'a certes, pas l'ampleur du buste d'Indra. On dirait un pan de la montagne, formé de plusieurs étages basaltiques, s'élevant en colonne, et resté, perché, sur le bord de l'abîme. J'en fis le tour, je n'y voyais point de trace du travail humain; l'assemblage des pierres ne me disait rien, et la réflexion du bon La Fontaine me revenait :

De loin c'est quelque chose et de près ce n'est rien !

Je remarquai seulement le talus, fortement incliné, qui s'étalait au pied de la colonne du côté de la rivière St-Denis, image de ce que pouvaient être les roches tarpéiennes de la préhistoire. En tout cas elle avait été évidemment façonnée et nivelées pour en dégager la vue, et je me demandais comment on n'avait pu s'y maintenir pour rouler et élever la pierre.

En remontant, je vis bien dans le bas de la colonne et du côté du rempart, une pierre plate, dressée, qui avait été découpée en profil humain, comme pour servir de gabarit, mais elle n'était guère apparente, et ce n'était pas elle qui pouvait avoir fait donner au site le nom de Tête Malabare.

Il a fallu un hasard, quelques jours après, pour m'apporter la foi. Je passais sur le trottoir Nord de la rue Ste-Marie, entre les rues du Barachois et de Paris, vers une heure de l'après-midi. Subitement, se détachant nettement de la verdure de la montagne, comme une grosse forme grisâtre, m'apparut enfin cette mystérieuse Tête de Malabare, qui était bien celle que m'avait décrite M. Pruche.

Je revins plusieurs fois quelques jours après, au même point de la rue Ste-Marie, pour revoir sous toutes ses faces le même morne, et n'y retrouvais plus l'apparition si bien entrevue.

Je continuais alors à circuler en remontant vers le haut de la ville. A la rue Dauphine, la crête du Malabare avait un nouvel aspect; il me parut que la tête humaine apparaissait dans le bas du bloc, et non dans le haut, mais ce n'était pas la vision nette de la rue Ste-Marie. Traversant la place du Jardin de l'État, et jetant un coup d'œil au Sud, sur le flanc accore de la montagne, j'entrevis encore, sculptée dans la roche, une tête humaine, me rappelant singulièrement celle du Malabar. Cette dernière était devant moi, et chez elle je ne distinguais rien. C'est de là que je crus voir, sous l'épaisse

Carte 2 : Taureau, — Bélier.
RÉUNION. — SAINT-DENIS. LA RIVIÈRE.

végétation de la montagne, bien d'autres dessins, et je compris que cette dernière avait pu être partout travaillée.

Je continuais à remonter dans la ville, toujours à la poursuite de nouvelles perspectives du site, qui me préoccupait. A la rue Bertin, c'était un obélisque, formé par la superposition de six ou sept chaînons basaltiques, visiblement arrondis; chacun de ces chaînons, également façonnés, avait pu donner, au loin, une face spéciale au spectateur qui observait.

J'arrivais à l'Hôpital colonial, c'est-à-dire au bord du rempart qui fait place à la montagne. J'y avais un ami, j'y entrai, et en lui racontant mon excursion: j'appris de lui que j'étais bien en présence du site recherché.

« Et tenez, me dit-il, sans sortir de ma chambre, vous vous en rendrez compte par deux photographies que j'ai de l'Hôpital colonial, vous avez là le côté Sud et le côté Nord de la montagne vus de l'Hôpital » (V. les cartes 7 et 8).

L'objectif du photographe, dans ces deux vues, de même, hélas! que dans toutes les cartes postales que je produirai, a été évidemment le bâtiment. Et celui qui prend la carte fait comme lui, et se préoccupe peu de la montagne.

Mais quittons leur souci, regardons dans le haut de la première vue (N° 7) à droite et avec attention. Il y a là un bloc, qui se détache, et n'a pas le port, ni l'aspect d'un bloc ordinaire roulé, d'un de ces blocs, auxquels nos créoles donnent volontiers le nom de la roche perdue, la roche glissante. On dirait d'abord un belvédère, un autel dressé!

Puis un tracé régulier de traits apparaît, des points noirs comme des regards, et plusieurs parties du visage se montrent à la fois.

Des filaos et de grandes herbes masquent le bas, et l'un des côtés de l'apparition, rendant méconnaissable le talus arrondi, que j'ai si bien observé! Mais on ne peut nier que derrière la végétation, — au lieu simplement de la colonne, de la terrasse ou de l'autel que nous avons cru voir dans le bas de la ville — il y a aussi, vue de ce côté, une tête humaine, parfaitement coiffée, barbue par moment.

Ce site n'a pas un nom, donné par les Malgaches, qui comme, je l'ai établi dans mon IIIe livre, ont été les parrains de toute la nomenclature coloniale. C'est la preuve que, de leur temps, la forêt vierge la masquait encore.

Les Malabares, avec leurs turbans, ne sont venus à Bourbon qu'au commencement du XVIIIe siècle, époque où presque partout la terre était mise en exploitation.

C'est donc de cette époque que le site apparaissant nettement, les colons eurent l'idée de le désigner dans leur patois, Tête Malabare pour la Tête du Malabare.

Carte 3 : Têtes de veaux.
Réunion. — Saint-Denis. Courses de chevaux sur l'Hippodrome.
La Montagne.

Carte 4 : Balance.
Réunion. — Saint-Denis. L'hippodrome un jour de Courses.
Le cassé de la rivière Saint-Denis; à droite, la Montagne vient y finir;
à gauche, le Brûlé.

CHAPITRE III

Iconographie préhistorique. — Le Taureau. — Le Bélier. — Le Lion. — Le Cygne. — Le Serpent. — Brahma, Siva, Visnou. — L'Ichtyosaure. — L'Effraie. — Le Tigre. — Le Chien. — Le Monotrème géant.

Ce que nous avons découvert de la Tête Malabare, s'il faut en juger, par ce que j'ai exposé, n'a certainement pas grande signification et s'il n'y avait qu'elle pour nous faire croire à une préhistoire, pour les Mascareignes, nous ne serions guère fixés.

J'ai tenu à m'étendre sur elle pour expliquer que souvent les choses ont eu leur signification dans le passé, et que de ce que nous ne les voyons plus sous la même apparence, il ne résulte pas que nous devions rejeter ce que nous enseigne la tradition. S'il y a deux siècles à peine, on voyait dans ce morne une Tête de Malabare, c'est qu'en vérité la ressemblance existait encore. Et si aujourd'hui nous ne retrouvons plus cette apparence, c'est qu'une raison s'est opposée à ce qu'il en soit ainsi.

Il est évident que si nous pouvions sur certains points reconstituer des éléments disparus avec le temps, ou déshabiller la montagne de la végétation qui la recouvre, nous aurions des perspectives qui ne peuvent plus paraître aujourd'hui. Or, toutes les pentes qui sont appelées — par leur révélation du travail préhistorique — à étonner et passionner l'opinion publique, font partie du domaine imprescriptible et inaliénable de la Colonie, protégées par une loi forestière dont les prescriptions sont sévères.

Pour que des représentants de nos sociétés savantes soient autorisés à y faire disparaître le couvert forestier — d'ailleurs ici sans importance, au point de vue de l'aménagement des eaux — il faudra des décisions administratives qu'un simple particulier n'obtiendrait pas facilement.

Je n'ai qu'un but en donnant mes impressions, éveiller l'attention, appeler les études, démontrer leur nécessité, pour la découverte d'un passé non entrevu jusqu'ici, prouver surtout pour l'heure que le préhistorique existe réellement.

Le jour où ces pentes de la montagne pourront être mises à découvert, ce jour-là et ce jour seul, la discussion pourra être possible sur les points où elle sera soulevée, et la vérité alors jaillira !

Je n'ai donc pas à me décourager de ne pouvoir tout entre-

Carte 5 : Le Cercle, — Ptérodactyle, — Verseau, — Poisson. Réunion. — Saint-Denis. Tir au canon.

voir dès maintenant, mais je puis au moins encourager tous ceux que ces questions du passé intéressent.

Dès ici d'ailleurs, on verra la puissante assistance que nous prêtera la photographie. Je ne pensais pas, en rentrant chez moi et en prenant les deux cartes postales de l'Hôpital colonial, que j'allais pouvoir offrir une nouvelle base d'investigation pour l'étude du préhistorique.

De ces deux cartes la première ne dit rien, le paysage est pris de biais et la végétation est épaisse, mais prenons la seconde qui donne le côté Nord vu de face: que de détails apparaissent dans le peu que nous voyons, du flanc de la montagne !

Un croquis, une peinture, une description détaillée, ne reproduiront jamais la nature comme un miroir et une plaque photographique; ces derniers rapportent cette nature dans ses infinis détails et dans la proportion de la miniature à la réalité, réduisant ainsi sous le rayon visuel l'ensemble immense d'un plan où le regard diverge.

Aussi, en rentrant à St-Denis, je passais partout où se trouvaient en vente des collections de cartes postales et je prenais toutes celles qui reproduisaient les montagnes de l'île et notamment celles de St-Denis. Ce qui me permettra de renoncer à faire prendre spécialement les vues que j'avais à faire figurer dans cet ouvrage, et l'on ne pourra par suite penser qu'elles ont été faites pour les besoins de mes démonstrations.

Avant de quitter cette partie Sud de la montagne, où nous aurons à revenir, j'appelle l'attention sur le fond sombre qui figure, aux côtés de la **Tête Malabare**, sur la carte **Nº 7**; rien n'y apparaît de particulier, et que de choses pourtant **nous y** verrons de loin et jusqu'à trois ou quatre milles de distance. Déjà, vue de la ville, cette région laisse voir l'immense **tracé** d'une tête bovine, dont on peut juger par la carte **Nº 11**. Gardons-nous désormais d'écarter de nos visions **tout ce qui** nous paraîtra illusoire et incroyable. Le buste d'**Indra** et la Tête malabare ne sont rien auprès de ce que l'art statuaire du préhistorique va nous révéler. Les images sont d'une fidélité remarquable; quand l'animal dépeint ne sera pas reconnu, il faudra ne pas penser à une fantaisie du peintre et croire plutôt à une réalité qui n'existe plus. Pour permettre au lecteur de se retrouver dans mes descriptions, j'indique, au bord des cartes, par des traits verticaux et des traits horizontaux es lignes, qu'on aura par la pensée à continuer sur la carte; le point de jonction des lignes ainsi obtenues désignera l'endroit dont je veux parler.

Le tracé, dans la carte Nº 11, prend plus de la moitié de la montagne: ne soyons pas surpris de ces proportions gigantesques nous aurons à constater des dessins gravés, d'une étendue bien plus considérable.

Carte 6
RÉUNION. — SAINT-DENIS. N.-D. DE LA DÉLIVRANCE.
Au fond : La Montagne.

Carte 7.
RÉUNION. — SAINT-DENIS. HOPITAL COLONIAL ALLÉE CENTRALE.

Cette tête nous représenterait-elle l'ancien Veau d'or encore en honneur au temps des traditions juives? Serait-ce ce dieu de bonté des premiers âges qui nous revient ici, en lignes noirâtres comme un dieu abandonné. Ce fut là ma première impression, mais bientôt la rencontre, dans la montagne, de nouvelles gravures se rapportant à des constellations, me fit penser non point au Veau d'or, mais bien au Taureau du zodiaque. Remarquons tous les détails de cette figure. De prime abord on voit que le dessin prend presque toute la hauteur de la montagne; au sommet une auréole parfaitement tracée entoure la partie frontale et rappelle celle qui accompagne le dieu Apis chez les Égyptiens, et le dessin s'arrête dans le bas de la montagne à deux larges narines; mais observons bien la partie intérieure de la grande figure; on y voit encore une autre tête de taureau ressortir avec deux yeux et deux narines également tracés. On dirait qu'un premier dessin a été exécuté puis ensuite amplifié au moyen de nouvelles lignes ouvertes. On pourrait croire au hasard en présence d'une telle perspective, mais l'agencement des points et des ronds, leur symétrie, ébranlent bien nos doutes.

Quant à la carte N° 8, qui est la seconde prise à l'Hôpital, elle présente des dessins d'une netteté si grande, et souvent si bien répétés qu'on est obligé de s'y arrêter et qu'on ne songe plus à accuser le hasard de les avoir produits. Analysons-la.

Premier dessin à gauche : une ligne oblique descend avec un renflement nasal et un œil au dessous ; on y peut reconnaître le profil d'un bélier. On pourrait en douter si, un peu plus loin sur la même ligne que l'œil, plusieurs points noirâtres n'apparaissaient et si, en observant les tracés qui les environnent, on ne reconnaissait plusieurs têtes d'agneaux ou de brebis finement dessinés.

Après le fond noirâtre qui termine les têtes de brebis, voyons le flanc éclairé qui y fait suite immédiatement; une grande figure brille en blanc; les deux yeux, le nez et le menton font bien voir une tête de lion.

Mais avant d'arriver à cette figure, bien en évidence, il y a un autre dessin, dans l'ombre; l'œil droit du lion devient l'œil gauche d'une autre tête où l'on reconnaît encore un félin de même espèce, mais elle est muselée. Enfin l'œil droit de cette dernière tête sert encore de menton à une autre tête superposée aux deux autres et qui est encore celle d'un félin.

Or, nous voici déjà à trois figures zodiacales, le taureau, le bélier, le lion ! Et ces têtes ne sont pas les seules que nous ayons à suivre !

En effet, de l'Hôpital colonial où la carte N⁰ 8 a été prise, on ne voit que le rebord Sud d'un morne important, qui

CARTE 8 : Béliers, Trois Lions.
RÉUNION. — SAINT-DENIS. HOPITAL COLONIAL. LA MONTAGNE.

apparaît en avant-scène dans la montagne, et que l'on voit assez souvent (ainsi qu'on peut en juger par l'ensemble des cartes) avec une tête de cygne et une tête de serpent au Nord.

Si on quitte l'Hôpital colonial pour descendre vers le rivage, on peut alors scruter toute la frise de cette avant-scène, et on discernera sur le fronton plusieurs têtes léonines, avec cette particularité importante de la statuaire préhistorique, que je n'ai vu relever nulle part pour l'art antique comme pour l'art moderne, — c'est que l'œil droit d'une tête sert à confectionner l'œil gauche de l'autre.

Pour s'en rendre compte, le lecteur voudra bien jeter un coup d'œil, dans l'ordre que j'indique, sur les cartes N°s 12, 13, 10, 9, 15, 16, 14, 11. Qu'a donc voulu produire l'artiste du préhistorique avec cette multiplicité du même dessin, qui finit par s'affiner et prend l'apparence d'une face humaine? Est-ce la figure zodiacale en elle-même? Aurait-on voulu exprimer qu'une force considérable a été employée de même que de nos jours nous la marquons par le cheval-vapeur?

Je reviens à la carte N° 8. Au-dessous des trois premiers félins, comme aussi des trois têtes de brebis, apparaît magistralement un bec de palmipède. Les bâtiments de l'Hôpital masquent ici le paysage, mais la carte N° 3 peut nous donner une idée de ce qu'il aurait pu être; des têtes de veaux apparaissent, et encore ici l'œil de l'un sert à confectionner un œil de l'autre !

Or dans cette carte N° 3, déjà le bec qui vient de se montrer avec ses deux mandibules jointes n'est plus reconnaissable; il est vrai que nous sommes ici au Champ de Courses, tout près de la montagne.

Mais si nous prenons la vue de loin comme dans la carte N° 2, il est indéniable que nous avons ici une tête d'animal, parfaitement caractérisée, prenant des apparences de lézard, oiseau ou reptile; bien plus, ce bec si bien formé s'ouvre et tient un jeune mammifère, veau, caniche ou tout autre (V. les cartes 9, 10, 11, 12, 18, 20).

Maintenant, si sans trop nous rapprocher ou nous éloigner, nous entrons dans le lit de la rivière, et nous cherchons à reconnaître la frise du fronton des lions, notre avant-scène ressort magnifiquement; nous avons au Nord une tête de serpent qui finit en une tête de cygne, V. les cartes N°s 9, 10 et 11. Nous y cherchons en vain des lions, et, à leur place, apparaissent distinctement trois grandes têtes humaines; au milieu une très grande, au Sud, une moins grande et au Nord une petite surmontée même d'une tête de maki, on le dirait, seraient-ce Brahma, Siva et Vichnou !

Si, sans quitter le fond de la rivière, nous nous mettons à l'Est dans la rue qui la traverse (V. la carte N° 13), la tête

Carte 9 : Monotrème dans le corps duquel sont des figures, — Ornithorynque au-dessus du noir, — Homme-singe, — guenon, — tête d'Homme blanc, — Ptérodactyle, — Poisson.
RÉUNION. — SAINT-DENIS. VIADUC SUR LA RIVIÈRE SAINT-DENIS (TAUREAU, BÉLIER, LION, PALÆOTHÉRIUM, SCORPION, VERSEAU.)

Carte 10 : Mêmes figures qu'à la carte 9, mais ressortant plus finement.
RÉUNION. — SAINT-DENIS. MONTAGNE DE SAINT-DENIS.
(CHIEN, TÊTE DE L'HOMME BLANC.)

de cygne et le fronton où nous venons de distinguer les grandes têtes humaines, se changent en un immense sanrien au regard terrible, qui tient dans sa gueule énorme une tête de chien et dont le corps s'allonge à la façon de l'ichtyosaure à grande queue qu'on classe en Europe comme étant du secondaire?

Si maintenant nous traversons la rue, pour prendre le pont (V. la carte No 12), une sorte de taureau s'étend majestueusement en séparant le serpent et le cygne et en même temps dans cette carte 12, au Nord de ce corps de taureau, apparaît une nouvelle tête bovine, pendant qu'au Sud, une grosse tête laineuse se montre dans la direction où nous avons vu les béliers.

Dans les deux cartes 12 et 13 on revoit les deux têtes d'homme ou lion dont je viens de parler et qui changent encore. Elles paraissent de même grandeur; la tête au Sud est placide, celle du Nord est sarcastique. Que s'est-il passé?

Avec les vues que donnent les cartes 1, 9, 11, 13, une grosse tête de nocturne apparaît au-dessous du Taureau. Ce n'est peut-être pas sans raison, que notre artiste génial du préhistorique l'y a placée. Dans la carte No 9, entre la tête de serpent et le nocturne, se dessine une tête d'homme ricanant dents au vent.

Cette tête de nocturne est sans aigrettes; elle a ses yeux ronds en avant; elle rappelle une effraie et surtout le calong ou effraie de Java. Et partout, et de tout temps, l'apparition de ce nocturne est une annonce de malheur.

Ne pouvant préciser le sens de ce tableau que de nouvelles photographies pourront faire mieux déchiffrer, je relève les particularités historiques et zoologiques des autres animaux qui viennent de nous apparaître.

Réflexions sur la faune retrouvée :

1º Le lion, en zoologie, est réputé de la faune africaine; il a paru pourtant en Europe, où ses fossiles, qui accompagnent ceux de l'homme, prouvent qu'il a été domestiqué. Il a paru également en Asie où on le retrouve encore notamment dans l'Inde, mais nulle part en Océanie. Dans sa migration vers l'**Est**, le lion du préhistorique aurait donc eu pour dernière étape le socle mauritio-bourbonnais, et son fossile n'a pas encore été pourtant retrouvé à Madagascar. Il est classé comme monotype; son poil et sa crinière font ses variétés. L'absence de crinière chez ceux qui nous occupent font croire à une parenté avec la faune indienne. Ces détails de la paléozoologie ont leur importance en raison des découvertes de la paléogéographie. Si Madagascar est restée réellement séparée de l'Afrique depuis le secondaire, le socle sous-marin où se tient Bourbon serait resté en communication avec l'Inde pendant le tertiaire. En un mot, la grande faune de l'Inde serait descendue sur le socle bourbonnais, ou celle du vieux continent austral aurait passé dans l'Inde, mais n'aurait pas franchi le canal de Mozambique. Le lion fait partie du zodiaque.

2º Le taureau n'a rien qui rappelle le Zébu de Madagascar; c'est le bœuf des régions malaises, le buffle sans bosse, à cornes longues, droites, horizontales, que le bœuf flamand rappelle quelque peu. Le taureau fait figure dans toutes les traditions religieuses, aussi bien d'après l'*Apocalypse* que dans les contes de la Chine. Il a sa place aux cieux, il fait partie du Zodiaque.

3º Le serpent n'a rien des espèces européennes ou asiatiques à tête plus grosse que le corps, ronde ou anguleuse; il rappelle les jolis sauriens ou ophidiens de Madagascar et des Mascareignes qui n'ont rien des trigonocéphales, qui ont la tête faisant suite régulièrement au corps; le serpent est aussi dans les traditions, il apparaît chez nous à l'origine de la *Genèse*, et est partout dans les figures et peintures de l'Inde. Il a sa place aux cieux.

4º Le cygne apparaît sans bourrelet nasal. Le cygne a eu également ses histoires mystérieuses avec les dieux, et a sa place aux cieux.

5º Le bélier, l'agneau et les brebis, donnés par la carte Nº 8, n'ont rien du mouflon, ruminant à grandes cornes d'Europe et d'Asie, au genre duquel on a rattaché nos divers moutons.

Observons la grande tête de bélier, qui est au Sud dans la montagne. Il est dolichocéphale et a des cornes comme chez le mâle du mouflon, et les autres têtes, qui ont l'apparence de brebis, sont sans cornes et franchement brachycéphales, comme en quelques espèces américaines et anglaises.

Le bélier forme une constellation zodiacale.

6° Le type de l'homme retrouvé dans les trois dieux sont bien de race blanche.

7° Le nocturne retrouvé n'est pas d'une de nos espèces européennes; c'est un océanien.

8° Notre itchyosaure se ressent de la forme du serpent

CARTE 11 : Taureau. — Monotrème, — Cercle.
RÉUNION. — SAINT-DENIS. PONT LABOURDONNAIS DANS LA BAIE DE SAINT-DENIS. — LA MONTAGNE.

retrouvé: il a sa tête ronde tandis que tous ses frères fossiles d'Europe ont une tête aiguë.

Mais en même temps que l'enseignement de la géographie animale absorbait ainsi mes observations, je n'étais pas sans m'émouvoir du symbolisme qui s'attachait aux grandes figures qui m'apparaissaient. Ces emblèmes d'une pictographie primitive, ce grand veau, ce taureau terrible, ce bélier, cet agneau et ces brebis, ce lion, ce cygne et ce serpent éveillaient des souvenirs qui me ramenaient à l'enfance de toutes nos anciennes religions, aux traditions de la Chaldée, de l'Égypte, de la Judée, de la Perse, de l'Inde et même de la Chine !

Dès ici, il fallait donc entrevoir une mystérieuse relation entre les terres décharnées du Grand Océan, et les autres parties de l'ancien continent.

« La civilisation, dit M. Déonna dans son livre nouveau, *Les lois et les rythmes dans l'art*, ne repasse jamais chez des

CARTE 12.: Hydre à trois têtes.
RÉUNION. — SAINT-DENIS. LA RUE DU PONT.
Au fond : La Montagne.

peuples différents par des formes identiques. » Les similitudes, a établi notre archéologue, sont la clef des enchaînements dans l'histoire de l'art. Comment nier cette relation, à la vue du cygne et du serpent devenus et restés l'emblème obligé des dieux de l'Inde, et que l'on voit encore aujourd'hui sur toutes les sculptures, estampes et peintures de cet immense pays, voire même sur les modestes timbres postaux des établissements français dans l'Inde.

Et cette relation, il faut bien le confesser, n'a pu exister qu'à l'époque étonnamment reculée où le grand continent austral, récemment entrevu par la science pour le secondaire et le tertiaire, se maintenait encore, bien avant dès lors que cet immense continent ait été démembré, affaissé, éparpillé, et qu'un déluge survenant ait supprimé la relation préexistante. Pour éviter toute confusion entre cet ancien continent qui a vécu et les terres australes actuelles, qu'on désigne de même, je l'appelle souvent le continent paléaustral (1).

Car cette relation, depuis sa suppression par l'inondation, n'a pu se rétablir à travers les siècles ! « Dans le passé, dit M. de Martonne, l'Océan a représenté seul la barrière absolue à toute extension de la vie, à toute communication et migration pour l'homme et les espèces animales et botaniques. »

Tout un monde, pénétré des premières notions et connaissances que nous ont rapportées les peuples de l'histoire, dut donc d'abord être séparé et isolé du reste de la Terre par une grande révolution terrestre, qui lui donna l'océan isolateur pour borne. Puis, après s'être développé seul pendant de longs siècles, resté en possession de ces premiers principes, connaissant des progrès que nous ignorons, travaillant la roche indestructible comme l'Inde ne le fit jamais, il dut subir le contre-coup d'une nouvelle révolution terrestre, qui a anéanti la faune gigantesque des terres paléaustrales, laissant subsister pourtant sur le fragment infinitésimal de ces terres qui s'appelle île Bourbon, « la roche indestructible chargée de symboliser la durée de la Foi », et d'éterniser son souvenir, comme dit É. Reclus. Ce monde, assurément superstitieux, essentiellement religieux, a été adorateur des astres comme les Chaldéens qui se disaient d'origine Sabéenne. Et sans doute retrouvons-nous aujourd'hui l'œuvre de la véritable souche sabéenne, car les Sabéens venaient d'un pays dit *Saba*, dont l'étymologie est le pays qui *plonge, qui disparaît*, ce qui ressemble plutôt à l'ancien continent austral qu'à la petite terre de Yémen où l'on place l'ancien empire de la reine de Saba. On a pensé qu'il

____

(1) Nous avons vu au livre **IV** l'importance du préfixe « palé » désignant avec l'étymologie océanienne *anciens hommes* et qui a fait le préfixe grec *palaio*.

avait adoré les animaux parce que les astres portaient des noms d'animaux; non, il parlait par emblèmes, avant que des signes furent inventés pour les représenter, et le caractère de chaque animal a déterminé le caractère de l'astre que l'on nommait.

Ce monde crut à l'influence du soleil, de la lune, des planètes et des constellations sur le sort de la Terre, et peu à peu aujour-

CARTE 14 : Monotrème, — Capricorne.
RÉUNION. — SAINT-DENIS. EXPOSITION COLONIALE DE 1911 : ENTRÉE INTÉRIEURE.

d'hui il nous apparaît qu'il était dans le vrai. Tous les mois, la constellation nouvelle du zodiaque qui passe sur nos têtes, semble nous apporter un temps nouveau sur la terre. Déjà, nous nous persuadons de l'influence du soleil et de la lune sur la Terre !

De là, à attribuer un pouvoir surnaturel aux astres, à penser à l'intervention et à l'incarnation des dieux sur la Terre, il n'y avait qu'un pas. Le pouvoir sacerdotal, qui se fit le représentant de ces dieux, en se pénétrant de la marche du ciel et en l'enseignant, fut d'autant plus puissant, redoutable et redouté qu'il s'adressait à l'enfance des civilisations, et que, prédisant, par suite, de sa science, certains phénomènes célestes, dont le populaire ne se rendait pas compte, il parut réellement aux yeux de celui-ci être en relation avec le ciel.

Il domina le pouvoir politique comme celui qui passa sur la Chaldée, sur l'Égypte et sur l'Inde !

La montagne que nous avons devant nous et qui s'étend depuis la Rivière St-Denis jusqu'à la Rivière des Galets, n'aurait pu recevoir les travaux de la pierre dans toute sa hauteur et son étendue, sans cette puissance redoutable des anciens temps que nous ne connaissons plus et dont nous ne pouvons avoir idée.

On voudra bien me pardonner cette digression sur les travaux de la préhistoire. Le lecteur a besoin d'être **préparé** à toutes les découvertes qu'il pourra faire lui-même dans un examen attentif et soutenu des parois de la montagne.

Ce qu'il entreverra à une heure déterminée, ne sera plus reconnu une heure plus tard; tout est dans le jeu du rayon solaire et l'effet des ombres, que les artistes du préhistorique ont su utiliser avec leur science qui nous est encore inconnue. Et ce qu'il découvrira de près ou de face, ne sera plus ce qui lui apparaîtra de loin ou par côté, et c'est ce qu'il peut **espérer** retrouver par la vue de nos photographies ou par la description que je donne.

Mais, se sentant en pleine raison, s'il aperçoit dans la montagne d'une façon continue, des images et des tracés qui ne peuvent provenir que d'une main humaine, il sera forcé de se rendre à l'évidence et de ne plus croire à des yeux de la nature.

Pour s'en rendre compte dès ici, qu'il prenne les dernières cartes que je produis, notamment, les Nos 17, 19, 21, 22, 23, 26, 27, 28, 29, 30, qui ont un objectif unique, la prise de la montagne, vue du littoral. Qu'il les observe, non pas dans les grandes lignes, qui lui font voir qu'il s'agit du même paysage mais dans les détails, rien alors ne se ressemble, et de plus ces détails sont infinis, comme dans les cartes 17, 19, 26, 29.

CARTE 15.
RÉUNION. — VILLE DE SAINT-DENIS.

CARTE 16.
RÉUNION. — SAINT-DENIS. LA PLACE DU GOUVERNEMENT.
ARRIVÉE D'UN TRAIN.

Et parfois, comme dans la carte 23, rien au contraire ne paraît. Et toutes ces cartes, qui jusqu'ici ne l'ont impressionné qu'au point de vue de l'ensemble du paysage, seront celles qui lui apporteront, lorsque nous y reviendrons, la révélation des connaissances astronomiques, philosophiques et théologiques du continent paléaustral.

Aussi je désire bien préciser que je relate ici, non pas les différentes impressions que j'ai ressenties de la vue des sites de la montagne, mais simplement celles dont je puis donner idée par les cartes que je produis. Et je ne veux pas quitter la frise de notre avant-scène sans faire observer ce qu'elles peuvent encore nous y faire apercevoir.

A la carte N° 1, — là, où nous nous habituons à voir une tête de serpent, parce que nous avons eu déjà sous les yeux les cartes 9, 11, 15, 16, où elle apparaît merveilleusement — fixons bien, cette tête se dédouble et laisse voir des têtes de tigre, dont la supérieure surtout est d'un dessin remarquable; il n'y a pas à se tromper, ce n'est plus un lion.

Dans la carte N° 12, ce n'est plus une tête de tigre mais plutôt celle d'un animal à larges oreilles, rappelant le chien et qui se dégage bien quand on est au pied de la montagne. Et si on s'éloigne de la montagne avec la même perspective comme par exemple au Sud de la gare, ce n'est plus une tête de chien, mais bien une tête d'orang-outang avec cheveux laineux tombant sur les épaules, etc., etc...

Ce qui surprend le plus, c'est l'ensemble de l'avant-scène vu du littoral quand les ressemblances avec les têtes de serpent et de cygne s'effacent quelque peu (V. les cartes 14, 15, 16, 18), on dirait alors un grand monotrème, un de ces mammifères des régions australes, tenant à la fois des reptiles et des oiseaux, et trop bien dessiné pour qu'il n'ait pas existé avec la forme reproduite. Ce monotrème semble marcher avec les pattes de derrière et en s'aidant d'une queue emplumée; il a sa cuirasse de plaque mobile, comme celle du tatou.

Il ne faut pas s'étonner non plus du protéisme accentué de cette partie de la montagne et repousser comme imaginaire les quinze ou vingt formes d'animaux qu'on y pourrait voir figurés. Le propre des légendes mystiques, qui nous ont été laissées par l'antiquité classique et qui se sont répétées d'âge en âge non sans quelque rapport, est de nous montrer les dieux sous des formes différentes dans leur incarnation sur terre. Ne voit-on pas notamment Vichnou (1), auquel les derniers chants védiques ont attribué bien des légendes d'anciens dieux se montrer dans les scènes du déluge, tantôt sous forme de poisson pour sauver Vaivaspata (2), tantôt sous forme de

CARTE 17 : Voir les indications de la carte 1; Isis ressortant bien,
Balance avec un animal à gros yeux au-dessous.
RÉUNION. — PANORAMA DE LA RIVIÈRE SAINT-DENIS.

sanglier pour dégager la terre des eaux qui la couvraient, et prendre ainsi jusqu'à neuf formes, etc.

Mais de tous les animaux qui ont joué un rôle en pareille matière, le serpent est assurément le plus important. Comme séducteur, comme compagnon et favori, il est partout dans la poésie et les croyances des anciens.

(1) VICHNOU, *loc. cit.*, *Vitsy*, le petit, *ino* accepté (comme dieu), soit le fils accepté comme dieu !

(2) VAIVASPATA, de *Ary iva tsi pati*, tiré bien bas, pas mort.

Même à Madagascar, où les légendes multiples et variées du polytéisme ne sont pas dans les traditions en raison du monothéisme qui y domine avec Zanahary, j'ai trouvé à Andevaka, sur l'ancienne route de Tamatave à Tananarive, un récit particulier de séduction de la femme, par le *Bihilave* (1), le serpent sacré pour les Malgaches ! Le vieux nom de la localité, Andevaka menarana (2), viendrait de là.

Dans la théologie hindoue, celle du passé qui a franchement survécu, celle qui compte d'ailleurs actuellement le plus d'adeptes, Ananta (3), le serpent cher aux dieux, est surtout en honneur.

Aussi sans vouloir dès ici faire une indication d'origine aux monuments de la pierre que nous découvrons, mais pour classer les lieux, je donne à cet autre morne solitaire et désert de Bourbon le nom de Frise des incarnations ou *Frise d'Ananta.*

(1) Bibilave, de *bibi lava*, bête longue.
(2) *Andevaka menarana*, dans le trou le serpent.
(3) *Ananta de ananta*, indulgent, par qui on se fait accorder.

CHAPITRE IV

Ce qu'étaient l'art et la science du Continent paléaustral avant sa disparition. Travail et façonnage des basaltes. La trigonométrie dans la montagne.

La multiformité que nous venons d'observer peut nous surprendre et nous porter à la méditation. Elle rappelle celle qu'on retrouve dans l'archaïsme indien sans lui ressembler, mais paraît être la manifestation de croyances communes. Je crois y voir un art, qui s'est développé isolément sur le continent dont faisait partie l'île Bourbon; il a dû, comme je l'ai supposé déjà, se développer bien après la première dislocation du grand paléaustral; cet art en effet n'est point parvenu jusqu'à nous dans la vieille Éthiopie.

D'un autre côté, le travail effectué par l'homme pour la transformation de la roche s'est fait d'une façon qui ne me fait pas reconnaître le travail moderne par le fer. L'homme de cette région et de cette époque a donc connu en statuaire des moyens de travail bien plus puissants que ceux que nous apporte notre métallurgie actuelle.

On dirait qu'il a amolli et façonné le basalte comme le statuaire moderne pétrit sa pâtée de plâtre. Pour les travaux de petite dimension, la pierre était le plus souvent fendue par la percussion, superposée et soudée par un mortier que nous ne voyons pas.

Aussi, dans cet âge prémétallurgique, l'absence de méthode et de moyens faciles pour la construction et l'édification par la pierre a fait retarder l'éclosion de l'architecture que l'Égypte a si bien connue. L'homme s'abrita de bois ou creusa les montagnes pour se créer des cavernes.

Mais à côté de ces connaissances qui lui ont été spéciales, il en est d'autres qui lui étaient déjà communes avec le reste

de l'humanité, et qui se sont encore développées particulièrement chez lui.

Dans le façonnage de la roche indestructible aux fins d'exprimer une pensée et d'honorer des dieux, dans cette mise en
relief, en creux, en profil, etc., des différentes parties de la
montagne aux fins de produire sur alignements des dessins
souvent superposés les uns aux autres, il lui a fallu lever des
plans, les transposer, les réduire d'abord pour procéder par

CARTE 18.
RÉUNION. — SAINT-DENIS. MAT DE PAVILLONS ET LA PASSE.
Au fond : La Montagne.

agrandissement, résoudre des problèmes de trigonométrie tout
comme nos *géomètres* et nos ingénieurs le font de nos jours,
ce que je n'ai pas vu relever pour les splendides travaux de
la roche dans l'Inde, où pourtant l'homme de la préhistoire
s'est attaqué également à la montagne.

Pour arriver à mieux le reconnaître dans la nature à Bourbon, par la suite, il faut jeter un coup d'œil sur les vues panoramiques que je donne. Toutes les grandes tranchées qui marquent
obliquement du sommet de la montagne jusqu'à sa base ne

sont pas des brisures naturelles, provenant des convulsions
volcaniques de l'ancien continent. Elles ont bien été volon-
tairement taillées ! Par quels moyens, nous le devinerons un
jour il faut l'espérer; pour l'heure, contentons-nous de constater qu'elles ont été faites et voulues.

Et pour citer un exemple, prenons la frise d'Ananta dans
les cartes 1, 11, 12, 13, 14, 15, 17, 18, 20, 25. Observons ses

CARTE 19 : Trois chiens blancs, — V, — Ptérodactyle, — Verseau, —
Isis, — Scorpion, — Capricorne, — Balance, — Les Gros yeux.
RÉUNION. — SAINT-DENIS. BATIMENTS DES ANCIENNES MARINES.
Vue prise de l'entrée du Gouvernement.

côtés de droite et de gauche, on voit qu'elle s'encadre dans
un triangle immense qui part du sommet de la montagne
jusqu'à la base, haut par suite de 400 mètres en moyenne.
De face, ce triangle apparaît en pyramide, taillée et coupée
au cordeau dans les couches basaltiques, laissant bien bas
au-dessous d'elle les célèbres constructions égyptiennes de
Chéops et de Chephrem !

Et pendant que nous restons éblouis par la vue de cette
œuvre vertigineuse, appliquons-nous à découvrir ce que nos

Préariens et nos Préchaldéens ont voulu obtenir en bouleversant l'abrupt de la montagne de cette façon; observons
ce que peuvent signifier les lignes qui ne sont pas habituelles
dans la constitution de la roche et pourquoi ça et là elle paraît
avoir été martelée. Regardons bien le sommet du triangle qui
paraît s'asseoir sur la Frise d'Ananta. Il y a là une épaisse
végétation qui nous cache certainement un dieu, dont l'apparition se fera le jour où on le déblaiera, mais par le côté Nord
où une éc'aircie se produit, on peut noter quelques appari-
tions : dans la carte N° 15 une tête humaine, dans la carte N° 9
plusieurs formes d'animaux; dans la carte N° 13, une urne
verse abondamment de l'eau sur Ananta. S'agissait-il d'un
baptême? Mais dans les cartes 9, 10, 11, 14, 16, 20, c'est un
museau effilé, cerf ou make, à tête fortement soyeuse, peut-
être le babakoute, le lémurien sacré, pour les Malgaches, un
ancêtre de l'homme d'après eux. Contemplons, cherchons !
Ce qu'il y a de certain c'est qu'il y a eu là un tableau reproduit
sur la roche, et que ce tableau, comme un rébus, a eu sa signification.

Je fais en passant cette observation, car la crête pyramidale
au-dessus d'Ananta ne donne rien de bien net, et je serais heureux qu'on se persuadât, de plus en plus, que toutes les parties
de la montagne, dans toute son étendue, sont à être examinées,
et que partout elle a reçu, comme mont sacré, l'hommage d'une
humanité qui a entendu employer toute sa force et sa puissance
à marquer et élever sa pensée vers les cieux.

Rien de plus pur dans tout ce que j'ai entrevu jusqu'ici;
on peut l'approfondir avec confiance, on ne sera pas exposé
à rencontrer les obscénités qui caractérisent trop souvent le
travail préhistorique de la pierre dans l'Inde.

Qu'on se montre, au contraire, indulgent, lorsqu'une apparition sortira du vague dans une excursion; qu'on ne se rebute
pas, si de près rien n'est apparent; qu'on songe que des centaines, peut-être même des milliers de siècles avec leurs tourmentes de chaque année, ont passé sur ces œuvres d'un art
inconnu, depuis que l'homme n'a plus été là pour les honorer
et les rajeunir !

Mais quelle que soit la patine outrageante des temps, les

grandes lignes restent et donnent le dessin. Toute la difficulté
pour nous sera de découvrir le sens emblématique des figures
tracées, alors, hélas ! que nous ne sommes plus en possession
du sens qui dans ce long passé s'attachait à l'emblème par la
connaissance qu'on pouvait avoir des animaux ou des choses
que l'emblème représentait.

Et voilà que la découverte de ce premier polygone triangu-

CARTE 20 : La Vierge dans le Cercle.
RÉUNION. — SAINT-DENIS. LE BARACHOIS (BASSIN DE LA PASSE).
LA MONTAGNE.

laire, tracé dans la montagne pour la construction d'Ananta,
est heureusement d'une illumination soudaine pour l'affermis-
sement de notre foi en ces œuvres préhistoriques !

Toute la montagne, du Nord au Sud, de la base au sommet,
a reçu, de distance en distance, des coupures géométriques
pour l'établissement de coordonnées et ordonnées, d'abscisses
et diagonales, de parallèles et perpendiculaires, tout le bagage
trigonométrique nécessaire en un mot, au lever des plans et
à la composition des figures !

Ces grandes lignes se laissent très bien voir suivant la position qu'on occupe à St-Denis. Prenons la grande vue panoramique de la partie Sud; on distingue quatre grandes ordonnées qui descendent obliquement depuis le sommet de la montagne jusqu'à la base, et, dans celle de la partie Nord, on ne voit pas celles qui existent pourtant.

Prenons, au contraire, les deux premières cartes postales qui donnent également la partie Nord et la partie Sud de la montagne; on voit les ordonnées dans la partie Nord et non dans la partie Sud. Tout dépend du flot de lumière qui inonde la montagne ou de la position qu'on occupe ! Encore une fois de ce que nous ne voyons pas, il ne faut pas proclamer qu'il n'y a rien ! Et ce devait être un grand art pour les prêtres du préhistorique, qui faisaient mystère de toutes ces particularités de la perspective, d'annoncer qu'à telle heure, en tel lieu, tel dieu apparaîtra !

La carte N° 1 fera voir, à elle seule, tout le mécanisme du travail préhistorique dans le lever des plans pour la composition des figures. On voudra bien me suivre, en l'ayant sous les yeux !

Étant donné que le côté Sud de la pyramide d'Ananta soit une ordonnée géométrique orientée dans la montagne de l'Est à l'Ouest et qu'elle la coupe obliquement, on remarquera qu'une autre ligne oblique part de la base du côté Nord de cette pyramide, et qu'en courant au sommet de la montagne, elle est perpendiculaire à ce côté Nord et parallèle au côté Sud de la pyramide.

Si nous supposons que le pied aplani de la montagne, c'est-à-dire la Plaine de la Redoute, ou le Champ de Courses, ait été l'axe des abscisses, on aura eu, avec une autre ligne, au sommet parallèle à l'axe, le second abscisse; et le travail préliminaire de l'arpentage était tracé, un plan parallélogrammique était dressé.

Il a suffi d'une diagonale pour faire deux polygones triangulaires réguliers, l'un au Sud, celui d'Ananta, l'autre au Nord aussi riche en figures, quelquefois même, avec rondes, ellipses ou ovales. La montagne étant d'une hauteur de 400 stades ou 800 coudées, pour me servir des termes anciens, ce seul premier plan, où ont opéré des armées d'ouvriers, sous la direction d'ingénieurs et d'artistes de premier ordre, ne comportait pas moins, par des abrupts bien souvent à pic, une superficie de 1.920.000 coudées carrées, en supposant encore que la superficie fut plane !

Et ce n'est pas tout, regardez à droite et à gauche de ce pre-

CARTE 21.
RÉUNION. — SAINT-DENIS. LE CAP BERNARD DERRIÈRE L'ABATTOIR;
EMBOUCHURE DE LA RIVIÈRE SAINT-DENIS.

mier plan; d'autres ordonnées géométriques, prenant tout le mont sacré, se suivent indéfiniment.

Et en raison de l'immensité du terrain, et des accidents répétés dont ses pentes sont assaillies, et des points inaccessibles dont il fallait sans cesse déterminer les distances, on peut penser que toutes les formules de géodésie courantes, et toutes les méthodes d'abréviation du travail dans le lever des plans et la détermination des points (toutes choses que l'on croit de découverte relativement moderne, et presque toujours attribuées au Arabes), devaient être nécessairement déjà connues.

Je ne donne dans ce tableau que les polygones qui font face à St-Denis et dont on juge du tracé régulier par les cartes 1, 13, 17, 25 et 27.

Le premier polygone BCD est celui d'Ananta que nous venons d'examiner; nous passons au suivant ABC où se trouve le Buste du roy que nous avons déjà décrit comme nous ayant d'abord frappé, et où nous tenterons encore de découvrir ce que le préhistorique a entendu encore nous révéler.

CHAPITRE V

Le triangle ABC vu de Saint-Denis. — Le Sphynx. — Le Navire ou l'Arche. — Le bonze et son polymorphisme. — Les Gémeaux.

Le paysage, dans le triangle ABC, s'ouvre en éventail. Le préhistorique, en faisant ce travail immense, ne peut avoir eu pour simple but d'ouvrir des lignes droites. De nombreux tableaux vont s'y presser. J'ai fait déjà observer que la région moyenne des couches basaltiques dont se compose la montagne (V. les vues panoramiques), se trouvait caractérisée par une maîtresse coulée noirâtre qui prend le quart et quelquefois le tiers de sa hauteur. C'est cette coulée qui forme le bloc d'Ananta; on la voit coupée au cordeau à sa pointe finale, sur la ligne CB.

Et dans notre nouveau triangle, c'est-à-dire entre les lignes CB et AB, cette coulée disparaît complètement, de telle façon qu'on ne peut plus la suivre; c'est une raison pour penser qu'elle a été ici l'objet d'un sectionnement et par suite d'un travail humain. Suivre ici sur les cartes 1, 13, 17, 25.

En commençant par le sommet du polygone et en prenant le milieu de l'abscisse AC, on voit dans la projection une forme de sphynx apparaître avec tête orientée au Nord et face tournée à l'Est; comme point de reconnaissance, je la cite, car cette apparence est souvent fugitive. Au premier abord, on pense que ce sphynx est formé de deux cônes volcaniques de notre âge tertiaire. Or, les manifestations des volcans à cratère ne se font pas voir sur la rive gauche de la Rivière St-Denis, ainsi que je l'ai déjà exposé en mon livre IV. Et j'ai toute raison de penser que le sommet de la montagne a reçu également des remaniements de l'homme du préhistorique; je descendais un jour de la Villa Bertho pour me rendre au bord de la montagne donnant sur la mer; je fus bien surpris, près de la Vigie,

de passer sur un monticule dénudé, entièrement composé de
grosses roches roulées d'un à deux pieds de diamètre ! Or, je
ne voyais pas de lit de rivière sur la montagne et les galets du
bord de mer ne pouvaient s'être élevés jusque-là. Le sphynx
a été chez les Égyptiens un animal fabuleux à corps de lion et
à tête d'homme, possédant, disait-on, les secrets mystérieux
d la nature; il personnifiait quelquefois le soleil.

Au-dessous du Sphynx et sur la plus grande largeur du

CARTE 22.
RÉUNION. — VIADUC SUR LA RIVIÈRE SAINT-DENIS.

polygone, se montre une grande forme d'Arche ou de navire
des régions océaniennes, à doubles barques pontées, telles que
sont encore les grandes embarcations des Papous, telles que sont
les doubles pirogues malgaches.

Et en voyant ces grandes figures tracées par le préhistorique,
ce que j'ai raconté dans mon livre Ier des traditions des Chaldéens, Indiens, Chinois au sujet du déluge, me revient en mémoire. Après chaque cataclysme terrestre, un homme provi-
dentiel survit, chargé de reconstituer la race humaine. Ces
catastrophes avaient toujours été prévues et annoncées par

les devins ou savants. Kisuthrus (1), le Noé Chaldéen, notamment avait reçu l'ordre de réunir tous les écrits traitant des sciences connues, de les enfouir dans Sisparis (2), la ville du soleil et de se sauver sur un navire (Voir Volney). Dans bien des perspectives, en cherchant à reconnaître la trace du navire, on sera surpris de voir, dans sa partie Nord, et au-dessous du Sphynx (3), comme une grande tête de lion qu'il ne faut pas confondre avec celle de la Frise d'Ananta. Elle se joue dans la montagne tantôt à droite tantôt à

CARTE 23.
RÉUNION. — SAINT-DENIS. PLACE DU GOUVERNEMENT. LA MONTAGNE.

gauche, un même œil sans doute pour deux dessins. V. la carte 17 et 19.

Au-dessous du navire, apparaît peut-être le plus beau tableau de la montagne. Dans la partie basse du triangle, entre

----

(1) Noé, de *Hénoy*, qui croit en Dieu.
Kisuthrus. Il est étonnant que la traduction par le langage océanien donne exactement la signification de Noé de Kisotro qui buvait un peu.
(2) Sis-Paris, de *sisparitra*, restes d'entourage.
(3) Sphynx : de *Tsfiañ*, qui ne vit pas (ñ dans le mot malgache se prononce « gne ».

les tangentes formées par les lignes AB et BC, un grand cercle a été tracé. Une tête humaine le domine, des bras semblent entourer un corps d'homme, et on croit voir un des bonzes (1) indiens ou chinois représentant un dieu quelconque et que l'on rencontre partout. Veuillez en observer tous les détails. Au-dessus de cette grosse tête humaine, deux petites figures apparaissent l'une au Nord à museau pointu, l'autre au Sud à apparence massive comme une grosse tête d'oiseau. Ce sont évidemment des emblèmes; les dieux Horus et Anubis étaient représentés en Égypte avec des têtes d'épervier et de chacal pour marquer la perspicacité et la science de l'avenir. On pourra rechercher la ressemblance de la figure massive du Sud; il me semble reconnaître un perroquet, le Bavard, ne répétant que des mots qu'il a entendus. Ne serait-ce pas ici l'emblème du passé ! Le bonze connaissait le présent et l'avenir.

Au-dessus de ce bonze, ainsi coiffé de ses deux emblèmes, je vois un ossuaire, deux fémurs ou tibias croisés (V. surtout la carte 13). Au-dessus de l'ossuaire, une tête humaine penchée simulant la mort et immédiatement au-dessus de la tête de la mort, une grosse tête rayonnante apparaît. S'il n'y a pas dans cette apparition un jeu de branches ou de pierres roulées, il y aurait donc là une résurrection indiquée. Or, nous avons devant nous le morne d'Indra, avec une apparence nouvelle.

Mais dans le bas de la ville aux environs du Gouvernement (V. le 2e panorama et la carte N° 23) j'avais vu au bonze une figure de face. Remontant le bord du rempart pour me reconnaître je trouvais un profil tourné au Nord qui se changeait en un autre profil tourné au Sud. Ce n'était pas une illusion ! C'était une apparition zodiacale, les Gémeaux. Il me fallut bien du temps pour me rendre compte des merveilleux effets de miroitement qu'avait pu créer la singulière science du paléaustral dans la sculpture. Nous n'avons rien découvert de pareil dans l'histoire des civilisations passées; Castor et Pollux, les deux frères unis, n'ont jamais été représentés ainsi. Les Romains avaient Janus, qui, par sa science du passé et de l'avenir, rappelait notre bonze bourbonnais; on le représen-

____

(1) BONZE, est l'équivalent de notre mot *bondieu*.

CARTE 24 : Les Gémeaux, — La Vierge méconnaissable.
RÉUNION. — SAINT-DENIS. LA RUE DE L'ÉGLISE.
Au fond : La Montagne.

CARTE 25 : Le Monotrème où ressortent mieux le Lion, le Sanglier, —
Les Gémeaux.
RÉUNION. — SAINT-DENIS. PROCESSION DE LA FÊTE-DIEU.

tait avec deux visages ou deux corps, l'un à l'arrière et l'autre par devant. Chez les Grecs, la Chimère était moitié chèvre et moitié lion; elle avait deux bustes différents. Le Cerbère avait trois têtes; c'était un chien avec trois poitrails portant chacun une tête entière. Les Égyptiens ont eu leur trinité avec Osiris, Isis et Horus. Les Indiens ont leur trimourty avec Brahma, Siva et Vichnou; il ne leur est pas venu à l'idée de faire trois visages de la même tête sur un seul corps. L'Hydre de Lerne encore était un serpent à sept têtes, c'étaient sept corps de serpent sortant d'un même tronc, en forme de pieuvre, etc. Mais dans le préhistorique bourbonnais, c'est tout autre chose; deux faces, avec l'œil de l'une servant à l'autre, se suivent sur une même tête, qui s'adapte au même corps, sans qu'on remarque une anomalie quand on fixe de face l'un des visages produits.

Et je me rappelais qu'à une époque, où en astronomie nous ne possédions que le bagage scientifique laissé par les Grecs et les Arabes, Castor, la principale étoile du groupe des Gémeaux, était classée comme une étoile unique. Or, l'observation attentive des modernes, grâce il est vrai à leurs instruments perfectionnés, a fait reconnaître dans l'unique miroitement de Castor, deux étoiles, l'une de 2ᵉ grandeur, et l'autre de 3ᵉ grandeur; Castor à lui seul constituait les Gémeaux ! Ainsi donc ce que nous ne venons d'entrevoir que de nos jours, la science du préhistorique, par ses moyens optiques propres, l'avait déjà découvert. L'étymologie de *zaz' himo,* pour Gémeaux ou *Jumeaux,* dit *enfants serrés l'un contre l'autre.* Ce qui n'est pas le cas de Castor et de l'autre étoile qu'on lui a donnée inconsciemment pour frère, Pollux, encore très éloignée de lui.

Je donne, sous les Nᵒˢ 24 et 25, deux *vues de la rue de l'Église,* prises à cent pas l'une de l'autre, qui feront bien saisir la double apparence que je signale pour la tête du Bonze. Au bout de la rue, on aperçoit précisément au bas de la montagne la tête dont l'aspect varie quand le corps reste le même. Dans la carte 24, on voit très bien une tête chauve avec profil fuyant au Nord, mais au Sud une autre face apparaît avec profil fuyant au Sud; les deux figures ont un œil de commun.

Si l'on se rapproche de la montagne, on a la vue donnée
par la carte 25. Étrange ! c'est la figure du Sud qui se montre
et la figure du Nord fuit, toutes deux toujours avec leur œil
de commun.

Si maintenant on veut prendre la rue supérieure parallèle
à la rue de l'Église, c'est-à-dire la rue de la Compagnie, on
aura rue de Paris, au coin de l'Hôtel-de-Ville, le matin, une

CARTE 27 : Homme blanc.
RÉUNION. — SAINT-DENIS. LE CAP BERNARD.
Vue prise de l'Hôpital militaire.

nouvelle perspective toujours sensationnelle de notre bonze
bourbonnais. Ici le polymorphisme dans la statuaire s'éva-
nouit, et une grande tête humaine avec type persan, prenant
toute la montagne apparaît ! Je ne m'étends pas sur ce détail,
n'ayant rien qui l'établisse, par les cartes que je produis...
Si le lecteur veut par lui-même venir s'en rendre compte,
qu'il scrute avec confiance le paysage, il verra encore tout
autre chose.

CHAPITRE VI

Le triangle ABC, cette fois vu par côté. Ellipse. L'homme singe de Java. Sa haine contre le Blanc. Toujours la femme! Le Cancer. Le néomorphe de Gould. Le paléothérium.

Nous ne sortons pas encore du triangle ABC, et pour nous rendre compte du phénomène de polymorphisme qui se révèle dans les visions de la Montagne, je propose de nous placer au rivage de St-Denis de façon à le retrouver dans notre vue.

A la rue de l'Embarcadère, dernière rue de la ville au Nord, le bonze avec sa tête chauve laisse voir encore le haut de sa face (V. la carte 14). Mais en même temps, au-dessus de cette tête à gauche, une autre figure, simiesque ou humaine, se montre. Étudions le paysage en marchant.

Quand on est sur le rivage, au mât de pavillon, l'apparence simiesque de la nouvelle figure l'emporte (V. la carte 18). Le front court et déprimé, l'œil enfoncé, le nez épaté, la bouche forte et lippue, l'aspect sombre rappellent un catarrhinien ou primate de choix, tel qu'orang, gorille, chimpanzé ou gibbon plutôt que l'homme lui-même.

Deux choses frappent dans cette vue; le primate semble être muselé et une ellipse se forme.

Continuons sur le rivage en allant sur la montagne, nous arrivons au Barachois (V. cartes 11 et 19), la tête bestiale apparaît ici visiblement dans l'ellipse parfaitement formée.

Descendons dans la Rivière, toujours sur le rivage, nous avons la vue de la carte 10, et en nous avançant vers la montagne, nous avons celle de la carte 9.

Arrêtons-nous pour tenter de démêler l'imbroglio auquel donne lieu l'entourage de cet anthropoïde, non parvenu jusqu'à nous; car malgré la ressemblance de famille, on ne peut

reconnaître un des primates que je viens de citer. Et déjà il
est enseigné qu'un autre a vécu dans la mer des Indes, que son
fossile a été retrouvé à Java par Dubois. Et Mortillet, dans sa
Préhistoire, le classe comme le plus parfait des anthropoïdes
et le rapproche même du grand type de Néanderthal, dont je
me suis occupé en mon livre IV. Pour le transformisme,
cet anthropoïde apparaît comme l'ancêtre de l'homme, non

CARTE 28 : Dans le corps de la femme décolletée ayant une tête de grue :
une femme noire conduite par un Chaldéen avec casque.
RÉUNION. — SAINT-DENIS. LE CAP BERNARD.
Vue prise de la rive droite de la rivière Saint-Denis.

retrouvé dans les couches fossiles européennes. Haeckel parle
de l'homme-singe, son pithécanthrope, avec une foi robuste,
« la transformation, suivant lui d'un catarrhinien quelconque
en cet homme-singe aurait eu lieu dans le tertiaire moyen,
et la métamorphose en homme fin du tertiaire ! » Comment,
après de telles illuminations de la science actuelle, en vouloir
à nos savants du préhistorique, quand ils racontent dans la
Frise d'Ananta l'alliance du serpent et du cygne et les efforts
faits par les dieux pour la transformation des espèces !

D'un autre côté, il faut le reconnaître, en l'état actuel de la science, le transformisme n'est pas seul à raisonner de la sorte; le prince de la palethnologie, M. de Mortillet, conclut encore de nos jours, que « dès l'aurore du tertiaire moyen, un être assez intelligent pour se faire du feu, a existé, que cet être n'était qu'un précurseur de l'homme, c'est son homosinien; que l'homme ne fait son apparition qu'au commencement du quaternaire il y a 230.000 à 240.000 ans ». Notre précieuse montagne de Bourbon, avec ses révélations, vient singulièrement renverser toutes ces hypothèses; et je préfère, au terme de mon étude du Grand Océan, m'arrêter à ma modeste théorie des avènements sidéraux.

« La Terre s'est peuplée dans son long passé par ses rencontres dans l'espace; les êtres sont arrivés sur elle tout créés, ai-je exposé en mon livre I, et cette transformation des espèces a pu se produire et peut se produire encore, mais en d'autres mondes et sous d'autres conditions d'existence que celle que nous constatons à la Terre même dans ses grands âges précédents. »

Voyons donc maintenant ce que nous raconte la frise contenue en l'ellipse. Au bas de l'ellipse, à droite, apparaît une tête d'homme penchée, à moitié broyée, toute blanche; l'œil fermé indique, encore plus, que l'homme est mort. Il y a une différence de teinte entre cette tête et celle de l'homme-singe qui paraît toujours en noir.

Comment les artistes du préhistorique, avec leur profonde science des ombres, arrivaient-ils à produire de tels effets de couleur? Je ne le vois pas encore et ne fais que le constater dans toutes les vues.

En fixant notre regard sur le seul œil qui reste à l'homme blanc, tout à côté, à la même hauteur, et à gauche, nous voyons une forme blanche, qui, malgré toute l'invraisemblance, paraît être celle d'un poisson. Puis cet œil de l'homme blanc, avec les deux points noirs qui sont au-dessus, donne la tête d'un chien, et avec un autre point noir qui se trouve à gauche représente un autre chien, les deux chiens ayant encore ici un œil de commun !

Enfin pour peu que nous descendions sur le bord de la mer,

CARTE 29 : Corps de la femme décolletée.
RÉUNION. — SAINT-DENIS. PÊCHE DE BICHIQUES A L'EMBOUCHURE
DE LA RIVIÈRE SAINT-DENIS. — LE CAP BERNARD.

CARTE 31.
RÉUNION. — SAINT-DENIS. LE CAP BERNARD.

de façon à ne plus voir le profil de l'homme-singe, voici qu'une image plus imposante apparaît au-dessus du crâne de l'homme blanc (V. les cartes 5, 9, 11, 19). C'est encore un vaste crâne avec nez court et deux gros yeux qui représentèrent bien la tête d'un hippopotame surnageant, si cette tête n'avait à gauche, soit du côté de la mer, une immense patte comme celle d'une araignée !

Et ici, il nous faut faire appel à la faune carcinologique des Mascareignes pour nous reconnaître.

Parmi nos crabes, à Bourbon, les *Cancer* (1), les *parthénope*, ceux communément appelés *carangaises*, on trouve cette carapace ronde, ovale, bombée, portant par côté un front bordé de deux gros yeux, au milieu desquels se dégage un simple rostre. Mais suivons la courbe et l'articulation de la grande patte, le signe astronomique Y y apparaît, et coïncidence singulière, il vient finir là où apparaît une tête de femme. Nous y reviendrons donc.

Observons encore que bien des animaux, que je viens de citer, dans le langage idéographique, sont des emblèmes ! Je lis dans Volney, que chez les anciens, le poisson représentait l'aversion, l'hippopotame la violence, le chien l'affection et la fidélité.

Or, du côté de l'homme blanc, nous ne voyons que les chiens à la tête abattue et penchée comme celle de leur maître; et les emblèmes de la haine et de la cruauté restent au pithécantrope !

(1) Les mots crabe et cancer ont la même signification au propre et au figuré. Le français dit CRABE et le latin dit CANCER, mais ils ont une étymologie différente, ayant eu un sens au propre et au figuré; le mot crabe (de *Karabe*, grande coque) a désigné le crustacé dont la carapace est si frappante et qui évolue sur de grandes pattes en avant et en arrière en ayant leur front de côté, mais crabe dans le langage populaire désigne aussi la plaie qui, en s'étendant, dégénère en ulcère que nous nommons cancer, et dont l'étymologie également océanienne de *Kan' ser*, signifie maladie qui va vite.

Le latin dit cancer pour le crustacé lui-même. C'est ainsi que la grande constellation du Zodiaque, accusée de retourner en arrière comme le crabe, a gardé le nom de cancer.

Cette constellation s'appelle aussi *Écrevisse*, qui a aussi la spécialité d'évoluer surtout en arrière; l'étymologie est aussi océanienne, de *Ikéry vitsy*, les petits qui retournent.

Mais ce n'est pas tout, épuisons tout le tableau de l'ellipse, toujours en ayant sous les yeux les cartes 9 et 10. Au-dessus de la coque du crabe ou cancer, une tête d'oiseau, faisant suite au crâne du pithécantrophe qui se confond avec elle, apparaît avec un bec droit, effilé, très long. Les becs de cet aspect, rappelant notamment celui des bécasses, se rencontrent quelquefois chez les oiseaux, et il nous eût été difficile d'en

CARTE 32.

RÉUNION. — SAINT-DENIS. LE QUARTIER DE LA RIVIÈRE. LA RIVIÈRE SAINT-DENIS.

« Le soleil dans les flots avait noyé ses flammes.
« La ville s'endormait au pied des monts brumeux.
« Sur les grands rocs lavés d'un nuage écumeux,
« La mer sombre en grondant versait ses hautes lames. »
(LE CONTE DE LISLE.)

déterminer l'espèce, puisque nous n'avons que le haut du corps du ténuirostre, si nos ornithologues du préhistorique n'avaient entendu donner une autre caractéristique pour la faire reconnaître.

Au-dessous de la mandibule inférieure, comme chez les

pintades, pend une plaque caronculaire qui est bien manifeste dans la carte N° 9, ce qui m'encourage à déterminer l'espèce. Un seul oiseau en Nouvelle-Zélande s'est trouvé avec ces caractères, c'est le *Néomorphe* décrit et nommé par Gould.

Parfois le crâne du pithécanthrope ou corps du néomorphe, prend une autre apparence subite, on dirait une tête d'animal penchée, avec une trompe de tapir large et

CARTE 33.
RÉUNION. — SAINT-DENIS. FAUBOURG DE LA RIVIÈRE.
Au pied de La Montagne : N.-D. de la Délivrance; à droite, le quartier de La Petite Ile; à gauche, l'Hôpital colonial.

bombée; ce serait alors celle du paléothère, espèce de rhinocéros retrouvé dans les fossiles et classé comme étant de l'éocène !

Mais quel est le sens symbolique de cet oiseau et de ce rhinocéros; nous ne pouvons encore le découvrir.

A droite et au-dessous du bec démesurément long, évidemment taillé dans le basalte — car les stratifications volcaniques ne donnent point cette parfaite régularité — en un coin, qui paraît toujours sombre dans l'ellipse, une grande tête sinistre se dessine, tête noire de sorcier apparemment, peut-être celle du dieu Siva (1).

Au-dessus du bec démesurément long et dans le dernier coin de l'ellipse apparaît comme se dérobant une petite tête de maque, noire et ronde avec de grands yeux ronds et noirs, adorable, petit nez et petite bouche, — elle paraît regarder attentivement ce qui se passe autour d'elle — serait-ce une jeune négresse? Serait-ce la propre épouse de l'infernal pithécanthrope? A-t-elle été cause des éclats de ce dernier?

On pourra discuter sur ce point, toujours est-il que nos physiologistes, Darwin tout le premier, reconnaissent que la possession du sexe faible, à travers les temps, a primé dans la question de la concurrence vitale, a poussé à la suppression des êtres.

Et peut-être, fut-ce là, dans le préhistorique, la cause de la disparition de bien des espèces intermédiaires, moins douées que les survivantes?

(1) Si on se place à l'angle des rues Labourdonnais et de la Boucherie, vers 11 heures et qu'on regarde la partie basse de la montagne qui apparaît, cette tête a un aspect terrible.

CHAPITRE VII

Encore le triangle ABC, cette fois vu de près. Ovule dans le bas. L'œuf avec Pouroucha et le Sanglier. Le Poussin. La formule πR^2. Le Grand Y.

Mais si nous quittons le lit de la Rivière en montant à la Plaine de la Redoute pour nous rapprocher du pied de la montagne, un autre effet de polymorphisme se produit dans le triangle ABC. V. la carte N° 5.

L'ellipse devient un ovale, un œuf, un poussin. Il ne reste rien, absolument rien du tableau que nous venons de voir avec le singe-homme pour héros. Nous sommes ici face à face avec la montagne à la base du grand triangle que nous avons vu de plus loin couronné par l'arche de Kisuthrus et le Sphynx. L'œuf, qui nous apparaît, me fait penser que nous sommes au début d'une genèse dont l'histoire du déluge n'est qu'un épisode et dont nous n'avons pas aperçu encore les tableaux intermédiaires.

On ne peut nier que l'ellipse prend ici la forme de l'ovale et pour qu'on ne puisse douter qu'il s'agisse d'un œuf, une tête et un bec de poussin se montrent dans le haut. C'est la tête de la petite négresse, avec un œil de moins, qui en fait les frais.

Cette tête de sanglier précède la tête du Cancer qui apparaît vaguement ici; on n'en voit que le crâne. Mais les différentes traditions qui racontent la formation du monde dans les Védas, et elles sont nombreuses, se rattachent quelque peu à cet œuf qui accouche d'un sanglier sans que nous puissions toutefois reconnaître que la tradition ait été la même; et pour la découverte de la relation ethnique, il n'est pas mauvais d'apporter une certaine précision sur ce point.

Dans la tradition védique, rien n'existait dans l'origine;

les ténèbres étaient partout, et l'Être suprême le Pouroucha (1) reposait seul au sein du cahos, mais l'amour était en lui. Il produisit les eaux et jeta un germe. Ce germe dans le code de Manou, devint un œuf brillant comme l'or, aussi éclatant que l'astre aux mille rayons, dans lequel le Seigneur séjourna des temps infinis et de son nombril finit par sortir une fleur de lotus qui remplit tout l'espace. La création se produit alors et

CARTE 34.
RÉUNION. — SAINT-DENIS. CARROUSEL AU CHAMP DE COURSES.
LA MONTAGNE ET LE CAP BERNARD.

sa relation offre une grande variété dans les différents livres sacrés. Mais il ne paraît pas dans le récit qu'en fait M. Ott, qu'il ait été question à ce moment du Sanglier. Ce sanglier paraît dans la scène du déluge, c'est d'abord sous forme d'un poisson que le dieu indien paraît pour sauver Vaivaspata, le Noé de l'Inde, puis il prend l'apparence d'un sanglier pour tirer la terre du fond des eaux.

(1) POUROUCHA, de *Apo rosa*, le feu venant d'en haut.

On voit donc par le peu que j'en énonce qu'il y a un certain rapport entre les traditions qui ont pu exister sur le continent paléaustral et celles que nous ont laissées les peuples sémitiques et chananéens avec la création et le déluge.

Cette carte N° 5, où la scène du tir attire seule notre attention, nous révèle encore de grandes choses du ciel : au milieu un grand corps de cheval ailé où nous reconnaîtrons Pégase, à droite derrière le mât qu'on érige, une masse carrée qui représente la Balance, au-dessus de celle-ci une grande figure du Capricorne, mais ces trois figures dépendent d'un autre tracé géométrique. Arrêtons-nous au contenu de l'œuf de Pouroucha pour le moment. Regardons bien, entre la tête du poussin et la tête blanche du Sanglier, là où nous avons vu ressortir une tête de sorcier précédemment, il y a là des caractères tracés qui rappellent singulièremment la cacographie des écritures de l'Inde.

A droite, au-dessus de l'œil du sanglier, il y a un grand 2, parfaitement marqué, avec cette circonstance mystérieuse qu'ici les chiffres et lettres de notre propre écriture latine, qui nous viennent nous ne savons d'où, commencent leur apparition.

Avant ce grand 2, le signe dont il a été question ci-dessus, prend pour point final, l'œil du Sanglier, ce qui donne à la lettre l'apparence du V indien ou de l'Y grec, et ce caractère a une importance considérable comme nous le verrons bientôt.

A gauche, là où commence la courbe apparente de l'ovale, je vois tracé encore : R^2 et ce signe rappelle singulièrement la formule du cercle πR^2, avec notre propre écriture sans lettres grecques PR2.

C'est, nous dira-t-on peut-être, du hasard ! Mais ce hasard nous ferait entrevoir une origine antédiluvienne, comme on disait au XVIIIe siècle, tertiaire, comme j'ose l'entrevoir, à l'algèbre et à la géométrie. Je veux bien que les mathématiques sont la constatation de lois naturelles qui peuvent avoir été de tout temps formulées par des signes, mais que les peuples qui les ont découvertes, séparés les uns des autres, aient imaginé les mêmes signes, c'est trop !

J'aime mieux la franchise de l'abbé Moreux. Constatant

LA MONTAGNE A SAINT-DENIS (LA RÉUNION).
Le cap finit par un cassé brusque; c'est par là que notre sol se reliait sans doute
à un continent disparu.

RÉUNION. — SAINT-DENIS. LA MONTAGNE ET LE CAP BERNARD.
Vue prise du fond du Barachois (le Sagittaire).

que l'examen de la pyramide de Chéops, qui date déjà de 6.000 ans, révèle que les anciens Égyptiens avaient les connaissances scientifiques de l'âge moderne, notamment celle du πR^2, il s'écrie : « Évidemment ce ne peut être du hasard ! ce résultat est voulu, et il faut conclure que les constructeurs de cet immense monument étaient des géomètres de première force, des géographes et des astronomes hors pair. »

Que dire aujourd'hui, que nous découvrons que ces mêmes connaissances sur la Terre avaient existé bien avant que les événements du tertiaire aient disloqué et fait sombrer le continent austral?

CHAPITRE VIII

Toujours le triangle ABC, vu de plus loin. Apparition de la Vierge. Développement particulier du Continent paléaustral, nouvelle preuve qu'il doit vivre longtemps isolé, avant son immergement total.

Je voulus alors m'éloigner de la montagne en suivant toujours la diagonale qui m'avait permis de reconnaître l'Homme-Singe, et au-dessus de laquelle par moments je distinguais très bien la tête du Grand Lion, dont j'ai parlé au § 5.

Mais dans mon trajet d'autres figures apparaissaient, et nos photographes auront beaucoup à faire le jour où le simple paysage de la montagne ne les intéressera plus et où ils s'appliqueront uniquement à la révélation archéologique.

Une grosse tête de femme surtout ressortait souvent au sommet de l'ellipse, immédiatement au-dessous du Grand Lion, comme dans les cartes 11, 19, 21, 22, 23, mais elle était vague; la partie inférieure du visage paraissait s'être écroulée.

Je continuais ainsi jusqu'au delà du bassin du Barachois, lorsque, tout à coup, une forme plus nette donnant des lignes parfaites, une femme, un ange inconnu, m'apparut, aux côtés du dieu Indra.

Cette vue me causa une de ces secousses électriques accompagnatrices obligées de toute illumination subite dans les profondeurs du passé !

Tout ce que j'avais entrevu jusqu'ici, en l'ellipse, s'évanouissait; l'ellipse se transformait en un parallélogramme, et dans son cadre dont l'envergure prenait toute la hauteur de la montagne, c'était bien une vierge, belle et blonde, qui semblait me fixer d'un regard ingénu et divin !

Le lecteur voudra bien prendre la carte N° 20 et s'orienter de façon à retrouver l'ellipse. Un phénomène psychologique inconcevable se produira pour lui à l'examen de la photographie; l'apparition sera manifeste, indéniable.

Et pourtant, s'il va sur les lieux de l'apparition, il ne trouvera qu'un fond de montagne dénudé, crevassé, où la moindre trace de dessin ne pourra être retrouvée, mais ce fond de l'endroit où la photographie a été prise ressort avec la forme d'une figure.

L'observateur distinguera un galbe de femme d'une pureté infinie ! Qu'il observe les deux yeux, le nez, la bouche, le menton, le tour du visage, la chevelure flottant au vent, les blanches épaules.

Prenez toutes les vierges que les grands maîtres nous ont laissées, les madones de Raphaël, les vierges de Tiépolo, de Ribera, de Léonard de Vinci, etc., etc., celle de Murillo surtout dont la carnation est si expressive, si troublante, vous ne trouverez rien de plus candide et pur, comme immaculée conception, que l'air de cette jeune fille qui semble surprise et se blottit dans la montagne.

Qu'on me pardonne cette impression ! L'homme de tous les temps a cru à l'intervention divine dans la production de son Verbe ! Nos plus vieilles civilisations, comme l'Inde et la Chine, fourmillent de ces exemples. Eusèbe, le savant et judicieux évêque, lorsque les Grecs s'émouvaient à l'apparition de la doctrine de Christ, faisaient observer que même chez eux les dieux, fils de mères vierges, étaient innombrables !

Et il est tout naturel de penser que la grande figure que nous voyons sortir de la montagne n'a pu être éclose que sous l'empire d'un sentiment religieux profond, puissant, qui s'est répercuté plus tard dans nos civilisations.

L'art merveilleux avec lequel le Préhistorique austral a pu faire apparaître notamment cette vierge, à grande distance, en pleine montagne sans même s'arrêter à l'absence d'une surface plane pour la réception de l'image, prouve évidemment qu'il a été en possession d'une technologie non parvenue jusqu'à nous.

Cet art spécial s'est développé sur un fragment du continent paléaustral isolément après le fractionnement qu'a fait l'éparpillement du sol dans le Grand Océan de même que par ailleurs,

sur les terres nouvellement immergées, la culture de l'esthé-
tique a pu se produire différemment.

Hors du Grand Océan, c'est par les débris de la statuaire
antique retrouvés dans les fouilles, par les bas-reliefs et les
frises des plus anciens monuments, par les stèles conservées,
et par les miniatures et les gravures des vieux mausolées que
nous pouvons juger de ce qu'a pu être le progrès pour nos
civilisations historiques dans l'art de reproduire les objets.

RÉUNION. — SAINT-DENIS. DÉBARQUEMENT DE ZÉBUS MALGACHES.
L'ABATTOIR. AU FOND, LE CAP BERNARD.

Avant d'arriver au fini des œuvres des peuples méditerra-
néens, à la grâce de la période gréco-romaine, byzantine et
romane, nous ne voyons chez les Hindous, les Chinois, les
Égyptiens, les Assyriens, rien qui puisse nous prouver que le
sentiment de la perspective ait été réalisé.

Malgré la pureté du trait et des lignes, comme chez les
Égyptiens, la science du peintre ou du sculpteur n'a pas toujours donné le dessin ou la forme pour reproduire les différences
que l'œil perçoit dans les diverses situations des objets vus de
face surtout.

C'est ce qui explique la lourdeur des œuvres que nous possédons des peuples primitifs, où le raccourci n'était pas exprimé, où on en était réduit à tout donner de profil.

Or, le continent paléaustral, dans sa philotechnie, a certainement poussé la reproduction de la perspective à un point tel que nous sommes obligés de reconnaître que rien dans l'histoire enseignée et dans ce que nous connaissons des civilisations modernes ne l'a égalé.

Il y a eu là une déviation particulière dans le développement de l'art, qui ne s'est pas produite chez nos vieilles civilisations de l'histoire; il est impossible de retrouver la chaîne des similitudes tant recherchée par l'archéologue Déonna que j'ai cité ci-dessus.

Et il suffit, pour s'en rendre compte, de raisonner toute la science et tout le travail, qui ont présidé à la confection de la Vierge bourbonnaise.

Ce merveilleux dessin de la carte N° 20, comme pour tout agrandissement, a dû être exécuté d'abord sur une réduction de la grandeur naturelle en un polygone régulier, tracé dans une surface plane, puis ensuite sur une extension du trait par des procédés géométriques proportionnellement à la hauteur de la montagne.

Si le cassé de la montagne avait présenté la surface plane et verticale d'une muraille, cet agrandissement du dessin, malgré les 2 kil. de distance, pouvait encore s'expliquer.

Mais ici la déclivité de la montagne est loin d'être unie: elle est toute fracassée, hérissée de crêtes; il a donc fallu procéder tout au moins par un lever des divers plans des lieux, confectionner une réduction en relief, puis faire appel à la science géométrique.

C'est ce qui explique la variété des perspectives de la montagne, et pourquoi il suffit souvent de s'écarter d'un pas pour ne plus retrouver le fil de la perspective et par suite la figure entrevue.

Je ne crois pas me tromper : ces jeux inouïs de perspective sont le témoignage d'une science spéciale et profonde, et si rare dans l'histoire du monde, que la trace laissée par elle ne se retrouve jusqu'ici que sur l'une des parcelles restées du palé-

austral. Et s'ils avaient été connus de notre antiquité, certainement, la montagne sacrée que nous avons devant nous eût
figuré parmi les grandes merveilles du monde.

Cette considération, à elle seule, prouve que par suite des
déchirures géologiques, dont l'hémisphère austral a été l'objet,
il s'est produit à un moment un véritable hiatus entre le développement de la civilisation du paléaustral et celui qui s'est
continué sur les autres continents.

Autre question instructive que peut soulever l'ethnologie !
A quelle race humaine peut bien se rapporter le type de cette
vierge? Il faut bien porter la discussion sur ce point important.

Si les formes surprenantes données à la montagne de St-Denis
ne peuvent dater de l'époque récente où le moderne européen
pénétrait dans la mer des Indes, et s'arrêtait sur le sol de Bourbon, qu'il trouvait désert....., si ces formes surprenantes nous révèlent le passage sur cette terre d'une faune imposante et
variée qui n'a pu se produire que sur une terre beaucoup plus
étendue ou qui se rattachait même à l'un des continents voisins..., si, d'un autre côté, le monde de grands mammifères,
décrit par les frises, n'a pu s'y trouver réuni qu'à l'époque
immensément reculée où le vieux continent austral existait,
quel était donc l'homme de cette époque qui la dominait
et dont le type peut être reconnu dans les déifications de la
pierre?

Cette figure de la Vierge (dont on peut reconnaître le teint,
comme on distingue celui des têtes noires ou blanches de la
carte N° 9), avec ses cheveux droits et la finesse de ses traits,
ne saurait être prise pour personnifier l'une des races que l'on
rencontre en Afrique depuis l'Hottentot du Sud jusqu'à
l'Éthiopien ou Fellah du Nord, ni celle de l'Amérique depuis
les Frigiens du Sud, jusqu'aux Peaux-Rouges du Nord, ni les
Jaunes de l'Extrême-Orient; ni l'Indien, ni l'Arabe, aucune
des races, en un mot que nous pourrions rencontrer sur les
bords de l'immense pourtour du Grand Océan.

On reconnaît en elle un type de la race blanche se rapprochant
de celui d'Arménie et tout au plus avec sa face ronde, peut-être
y verrait-on du blanc et du malais à la fois? Qu'importe !
avec l'apparence déjà offerte par le Buste d'Indra et le Bonze

à double face, nous ne pouvons en douter, la race blanche
était en honneur sur le paléaustral; elle était donc sur la Terre
antérieurement à cette grande révolution qui bouleversa
toute son ancienne topographie, fit un océan de tout un hémisphère supérieurement peuplé et un nouveau continent des
régions précédemment immergées !

Mais il est une autre particularité, toute d'ethnologie, que
je suis obligé de signaler, ne voulant pas écarter celles que
le hasard et l'influence des milieux et du climat peuvent produire.

Cette figure de jeune fille, choisie par le préhistorique pour
représenter sa Vierge, est exactement le type généralisé
actuellement par la jeunesse créole des îles Mascareignes;
elle ne messierait pas à une Éléonore de Parny, à une Virginie
de Bernardin de Saint-Pierre; et, si ce n'était les pieds roses
qu'on voudrait voir hors du mandchy, elle nous représenterait
encore celle de Leconte de Lisle qui passait.

> Dans sa grâce naïve et sa rose jeunesse,
> Au pas rythmé de ses Hindous !

Différents types se retrouvent dans la population mixte de
Bourbon; je ne parle pas des familles, où le Malabar, l'Africain,
l'Arabe ou le Chinois a sa trace, mais des créoles pur sang,
celles qui procèdent de la composition première de la population à Bourbon, races blanche et océanienne, les véritables
débris de la colonisation première de Fort-Dauphin, comme on
le disait il y a deux siècles !

Le type de la Vierge bourbonnaise est donc une puissante
révélation du mélange de races humaines, déjà produit dans
ces temps étonnamment reculés, où l'ancien continent austral
existait, et pour lesquels notre grande science des temps pré-
sents n'a pu encore admettre d'antécédent possible pour nos
ancêtres, que le singe ou le Make !

La race blanche existait donc sur le continent paléaustral;
elle prédominait déjà à cette époque dans une civilisation
considérable; une science, un art qui ne ressemblent à rien
de ce que nous avons dans le présent Manou brillaient sur

tout un hémisphère, alors surélevé au-dessus des eaux comme l'est le grand continent actuel. La science du jour l'établit : séparé des régions boréales par une vaste Méditerranée, dont on retrouve les traces, cet hémisphère aujourd'hui affaissé s'épandait dans une zone équatoriale, où les avantages biologiques furent autrement puissants pour le développement de la faune et de la flore.

Il ne faut pas s'étonner si l'idée du grand et du colossal dans la construction ait germé, parmi ces populations comme l'histoire nous le fait voir chez toutes les civilisations en voie de progression. Mais il y a autre chose ! Le colossal ne résida pas seulement dans la pierre fractionnée par percussion, comme en Bretagne; l'esprit humain lui-même ici, enhardi par la méditation, s'éleva à des hauteurs que l'homme des dolmens ne connut pas et se porta jusqu'aux régions infinies du vaste firmament, et en fit descendre la notion divine !

$$\text{CHAPITRE IX}$$

L'astronomie chez les Préariens. Apparition des figures zodiacales du paléaustral. Le quadrilatère ABEF. Les enseignements de la magistrale AB. Les équinoxes, les solstices. Les cannelures. Le dieu des Chaldéens Sine-Isis, emblème de Sirius. Le Verseau et les Poissons.

Ce qui nous frappe, en effet, dans le façonnage de la roche à Bourbon, c'est de rencontrer, chez ces premiers civilisés, chez les Préariens, pouvons-nous dire, l'idée de reproduire, dans une montagne qui fut sans doute un lieu de pèlerinage pour leur continent disparu, tout ce qui pouvait éterniser en ce temps, le souvenir de la nature, des légendes et des connaissances (1).

De deux choses l'une, ou ces Préariens avaient comme Xisuthrus ou Noé, conscience de la disparition prochaine de leur continent et ils avaient choisi la haute montagne pour y déposer le secret de leurs connaissances, ou, se trouvant en pleine civilisation, et à la tête d'un empire considérable, ils avaient voulu créer un lieu sacré d'exposition qui pût plaire aux peuples et attirer les pèlerins.

Dans les deux cas, c'était donc un musée, sans abri, laissé à la garde du ciel ! Et cette construction gigantesque, avant la dislocation du continent austral, eut le temps d'avoir une notoriété mondiale, d'inspirer des reproductions sur les pays avoisinants...

Car nous pouvons — ô preuve évidente de la relation des mondes disparus ! — en suivre la filiation certaine dans les

---

(1) Ce musée zodiacal dut être construit, après l'exode de Noé, car si sa descendance avait pu en avoir l'idée, il aurait été cité comme une des merveilles du monde.

temples des anciens peuples connus, et jusque dans nos vieilles basiliques du christianisme (Cathédrales de Sens, de Laon, d'Amiens, de Paris, héritières par l'art bizantin des traditions pélasgiques, persanes, égyptiennes, sabéennes) !

Nous n'avons encore rien vu des plus grandes images de la montagne, celles qui peuvent nous donner une idée des Géants et des Titans dont parlent aussi ces vieilles traditions; mais, dès ici, avec la simple vue des triangles que nous venons de parcourir, nous sentons que de grandes et saintes figures se sont déjà dégagées des autres, et qu'une pensée pieuse a dû présider à leur édification.

Comme l'histoire nous le fait constater jusque dans notre vieille Gaule, où une merveilleuse architecture naquit du jour de son illumination et de sa transformation par la morale du Christ, la foi seule, sur le paléaustral, avait dû donner à l'art l'occasion de naître, de se développer et d'atteindre bien vite sa période de grandeur et d'élévation.

En même temps que l'esprit humain grandissait au souffle divin des cieux, l'art devait faire appel à la science pour l'expression de la foi.

Une seule science absorbait alors la pensée humaine, avec la recherche de l'au-delà et du pourquoi des choses, c'était l'astronomie, et celle-ci, dont une caste puissante et privilégiée, les prêtres, s'était occupée et pénétrée, pendant de longs âges, et d'une façon continue, atteignit une élévation dont il nous sera permis d'apprécier l'étendue.

Tous les astres qui tournaient autour de la Terre, soleil et lune, planètes et étoiles furent ainsi l'objet d'une observation constante dans leurs mouvements apparents.

Ils avaient reçu leurs noms, et ces noms les désignaient avec leur attributs. Quand le langage primitif n'était qu'emblématique, on les désignait par des noms d'animaux et de choses, non pas que la ressemblance y était pour quelque chose, mais simplement pour l'idée qu'ils inspiraient ou qui s'y rattachait. Et les signes par lesquels on indiquait ces astres furent euxmêmes idéographiques et figuratifs ainsi qu'on peut en juger par ceux dont nous nous servons encore pour la désignation des astres. Quand le langage syllabique et agglutinant, *encore de nos jours parlé dans le Grand Océan, tel qu'il existait au temps où les vieux noms se donnaient — se généralisa, — on s'en servit également pour la désignation des dieux du ciel; et toujours, les noms donnés étaient descriptifs, indicatifs, révélateurs de la notion connue, autodidactiques en un mot.*

A en juger, en effet, par certaines traductions que j'ai déjà faites de vieux termes astronomiques portés aux almagestes, tous des noms que les Égyptiens, les Perses, les Grecs, etc., n'ont pas compris quand la science chaldéenne leur arrivait, il nous faudra reconnaître que ces noms sont de cette langue océanienne dont je me suis occupé en mon livre II.

La découverte sur une épave du continent austral, d'un zodiaque identique à ceux qu'on a retrouvés dans les vieux pays de la civilisation actuelle, alors que les noms des figures, se traduisent par la langue du Grand Océan, donne pour conséquence d'abord que les Préariens qui l'ont construit, se servaient de cette langue, ensuite qu'ils possédaient déjà toutes les connaissances géométriques et astronomiques nécessaires à la construction.

En vain, l'histoire de la science attribue à Chiron ou à Clément d'Alexandrie, le partage du ciel en constellations, à Hipparque, la précession des équinoxes, à Halley, la découverte du mouvement propre des étoiles alors qu'il y a deux siècles encore on les croyait fixes, etc.; non, tout cela avait déjà été entrevu par le vieux monde, puisqu'il avait pu se pénétrer des secrets des douze constellations que le soleil visitait chaque année, dans sa course apparente autour de la Terre !

Et ce qu'ils ont connu, et ce que nous n'avons pu encore découvrir malgré notre science au xxe siècle du Christ, c'est l'influence de la dynamique céleste sur la Terre et les Terriens, c'est la relation étroite qui existe entre la Terre et les astres qui l'entourent, au point que pour ces anciens, ces astres, en passant sur nos têtes, causaient le bon ou le mauvais temps, le froid ou le chaud, la santé ou les épidémies, la tempête ou le calme, et, par suite de déduction en déduction, le mal ou le bien, etc.

Ils raisonnaient les solstices, les équinoxes, les éclipses.

La philosophie fit leur religion; ils adoraient les astres comme génies tutélaires. Le mot zodiaque vient de l'océanien, *zo dia ka*, et signifie les dieux passionnés pour... la terre sans doute.

On comprend d'ailleurs que l'homme, dans ses premières méditations, ait cherché à s'expliquer non seulement son existence, mais aussi celle de tout ce qui s'agitait ou tournait autour de lui. Il lui fallait aussi, au milieu des plus grands animaux de la création, se mouvoir sur son vaste continent ! Il n'avait qu'à le parcourir sans chercher à le quitter; c'était une sorte de paradis dont l'océan, infranchissable, semblait lui réserver la possession !

Et pour se reconnaître dans ses pérégrinations, l'observation du ciel lui était nécessaire; elle remplaçait pour lui l'enseignement du *gnomon*, du cadran lunaire, du calendrier, de la boussole, etc., toutes choses qui furent par la suite pour lui des découvertes mathématiques et des méthodes d'une science surannée, lui permettant de ne plus observer le ciel.

Et leur usage, hélas ! finit bien vite par précipiter les générations subséquentes, dans l'indifférence et l'ignorance des choses célestes.

Ce n'est pas dans cette belle période de l'histoire de la Terre qu'aurait pu venir à l'homme méditatif cette pensée que nous trouvons stéréotypée sur les lèvres de Camille Flammarion : « N'est-il pas étrange que les habitants de notre planète aient presque tous vécu jusqu'ici sans savoir où ils sont et sans se douter des merveilles de l'univers? » Il n'en était pas de même au paléaustral, mon cher maître.

Les astres de l'étendue guidaient l'homme sur la Terre. Il finit par croire qu'ils le suivaient du haut des cieux, et par leur attribuer un pouvoir occulte en toutes choses.

Survint le panthéisme dont Indra est la définition, la traduction, l'étendue, l'univers. Il fallut des noms à tous ces dieux de l'étendue qu'on voyait paraître les uns après les autres; et les noms donnés dans le langage alors parlé, se ressentaient de l'impression que produisait l'apparition céleste.

Certaines de nos figures zodiacales, — celles que la tradition nous a transmises par l'Égypte et la Grèce, — ont déjà surgi parmi les grandes figures que je crois reconnaître dans la roche de la montagne de Bourbon.

Nous avons vu : 1º le Bélier qui se détachait principalement dans la carte 8; 2º le Lion, très visible également dans la même carte; 3º le Taureau reconnaissable dans les cartes 12 et 13; 4º les Gémeaux qui ressortent des cartes 1, 17, 24 et 25; 5º le Cancer manifeste dans les cartes 5, 9, 10 et 11; 6º la Vierge sublime dans la carte 20.

Ce sont là les figures ascendantes de la plupart des zodiaques connus, avec cette particularité que leur ordre est profondément bouleversé par suite de la place qu'occupe ici le Lion·

On remarquera d'ailleurs que dans les cartes 14, 19, 21, au-dessus de la Vierge, apparaît une grande figure de carnassier, qui rappelle quelque peu celle du lion, mais les dessins du préhistorique, qui nous occupent, sont d'une trop grande précision pour que nous puissions l'accepter comme telle de prime abord.

La détermination du cancer m'a donné aussi un mal infini. Le signe V qui marque l'équinoxe me troublait quelque peu, puisque ce signe aurait dû alors se trouver sur le taureau; ce n'est qu'en voyant ce signe finir sur la Vierge, que j'ai compris qu'il était ici solsticial.

Aussi, que n'ai-je pas scruté dans les perspectives de la montagne pour tenter de reconnaître une figure qui pût me rappeler un crabe ou une écrevisse! Je voyais notamment, au-dessous du Sphynx, un gros bloc d'une certaine rotondité, qui domine cette région où nous pourrions trouver aussi le Cancer ou l'Écrevisse.

A première vue, ce massif qui se détache très bien semble être un fragment de la grande coulée maîtresse qui aurait été soulevée ou rejetée plus haut.

Après tout, ces Préariens, que nous reconnaissons aujourd'hui, se jouaient de plus hautes montagnes comme nos lapidaires de la plus simple pierre. Je n'ai pu examiner sa contexture minéralogique.

Ce gros bloc, suivant la position que l'observateur a à St-Denis, manifeste aussi son protéisme; tantôt c'est un diadème, un hippopotame, un aigle planant, etc.

Mais de la rue de la Compagnie près de l'Hôtel, son rebord inférieur est seul visible; il a la courbure, les rayures d'un crustacé, du genre écrevisse, descendant ou montant, avec tête tournant sur elle-même. Je l'accusais pour le moment d'être la sixième figure zodiacale que je cherchais.

Je voyais aussi, dans le couloir qui sépare Ananta du massif d'Indra (V. cartes 9 à 14) une foule de figures que je ne reconnais pas; elles doivent représenter des animaux qui ont existé, et qui avaient un sens emblématique, etc.

Je n'ai d'autre but, toujours en donnant ces indications, que de provoquer et faciliter les recherches. La vue du Capricorne, que nous avons patente de l'autre côté de la ligne AB, me fait naturellement penser que nous devons trouver dès ici, comme pendant le Cancer ou tout autre figure qui le remplacerait, car tous les zodiaques du monde, dont les plus curieux et les plus scientifiques, ne présentent pas toujours et les mêmes figures et la même conformité dans leur classement.

Ces zodiaques anciens, — dressés à une époque de foi, alors qu'on avait pour but de donner l'état du ciel, c'est-à-dire l'ordre dans lequel les dieux ou les constellations se présentaient, — ont une apparence de sincérité, que n'ont pas ceux de nos époques récentes, qui ont pu avoir un caractère fantaisiste puisqu'en ces époques la croyance en les 12 dieux n'existait plus.

Or, si les zodiaques anciens reproduisent exactement l'état du ciel en l'époque de leur construction, ils deviennent aux mains de MM. les astronomes, une source suprême d'enseignement pour déterminer l'âge de la science sur la Terre, l'âge des monuments où les traces de ces zodiaques se retrouvent, l'âge où les constellations pouvaient occuper dans le ciel la situation que révélerait une image de ces temps primitifs.

Dans ces conditions, le lecteur ne peut se méprendre sur l'importance que doit avoir la révélation de la roche à Bourbon; le parallélogramme ABEF, formé de deux triangles ABE et AEF, et dans lequel nous entrons, me semble avoir été, dans les compositions du préhistorique principalement destiné à nous donner une série de constellations descendantes.

S'il faut nous rapporter à la plupart des vieux zodiaques

découverts dans la Haute Égypte et dans l'Inde, il nous resterait à retrouver comme figures zodiacales la Balance, le Scorpion, le Sagittaire, le Capricorne, le Verseau, les Poissons.

Mais avant d'attirer l'observation sur les mornes qui me paraissent représenter ces constellations, peut-être est-il bon de se demander si un ordre, une méthode, une connaissance cosmographique quelconque, ont présidé à la confection de la figuration.

En d'autres mots ces figures sont-elles accompagnées d'indications pouvant nous démontrer chez les constructeurs la connaissance du ciel et la possession des sciences mathématiques sans lesquelles l'astronomie n'aurait pu naître sur terre. Et paraissent-elles dépeindre exactement l'état du ciel à l'époque où se confectionnaient ces formidables travaux, les plus considérables assurément que l'esprit humain ait entrepris? Questions profondes, imprévues, bouleversantes, dont la solution donne une orientation nouvelle aux idées en matière de sciences naturelles et fait sombrer bien des théories auxquelles des scientifiques éminents s'étaient appliqués. Or, l'examen minutieux de la grande ordonnée AB, qui a été la magistrale par excellence des plans exécutés, sera pour nous d'un enseignement lumineux.

Avec les vues panoramiques, Nᵒˢ 1 et 17 sous les yeux, observons ce qu'a de particulier par rapport aux autres cette ligne AB que nous connaissons déjà puisqu'elle limite le morne des Gémeaux qui nous a occupés amplement.

Nous voyons ici cette ligne de face et déjà son aspect change. Elle apparaît, à la base, dès le signe V que nous avons noté plusieurs fois (dans les cartes 9, 11, 13, 19) et ce signe qui rappelle le signe représentatif du Bélier) marque aussi dans le langage astronomique l'équinoxe.

Et l'équinoxe c'est le point de jonction de l'équateur avec l'écliptique, c'est le point qui rétrograde comme l'Écrevisse et qui rétrograde toujours chaque année de 50″ environ par rapport à la marche apparente du soleil au point que pour se remettre au pas, pour reprendre sa même place parmi les constellations dans son évolution apparente l'astre radieux a à tourner pendant 25.870 ans !

Or, si M. M. de Mortillet disait vrai, si le quaternaire dure
depuis plus de 300.000 ans, s'il est vrai d'autre part que le
continent paléaustral a été détruit tout au moins par le dernier
cataclysme tertiaire qui a ouvert le quaternaire, qui a formé
les océans actuels, si les travaux formidables, immenses, qu'a
demandé la construction du zodiaque de St-Denis datent au
moins de l'époque où le vieux continent austral existait
remarquablement peuplé, les 360° de l'orbite terrestre, pour se

RÉUNION. — SAINT-DENIS. LA MONTAGNE.
(Lettres gravées, Sphinx, Isis.)

remettre au pas avec le soleil, auraient donc déjà fait douze
fois leur immense révolution de 25.870 ans, depuis que les travaux de la montagne de St-Denis ont été exécutés ! Je crois
être logique avec l'enseignement scientifique.

Il ne faut donc pas nous étonner si des changements com-
plets ont pu se produire dans l'ordre des constellations zodiacales depuis ces temps prodigieusement éloignés classés comme
tertiaires. Ai-je besoin de rappeler les discussions auxquelles
se livra tout le monde astronomique, lors de l'expédition
d'Égypte, sur la position différente des astres dans les zodiaques

connus. Les zodiaques, suivant eux, étaient une peinture du ciel au moment de leur construction et en raisonnant la position qu'y occupait telle ou telle constellation; on pouvait déterminer l'âge de la construction. Continuons notre observation des cartes 1 et 17.

L'ordonnée AB n'a rien de frappant dans sa partie basse, mais dès qu'elle touche le haut du morne où nous avons constaté deux grandes cannelures (V. le § 1er), la ligne s'élargit dans toute sa hauteur en une vaste plate-bande, très régulière qui forme comme un faisceau de rayons.

Suivons d'abord ce faisceau par le bas; il forme ligne brisée, pour descendre par les deux cannelures; et même il s'élargit encore par suite d'une troisième cannelure, que je n'avais pas aperçue dans ma première exploration et qui est au nord des deux autres.

Les deux premières cannelures tombent sur la tête du gros Poisson et sur l'Enclos (V. le § 1er). La troisième cannelure tombe sur le Poisson à l'endroit où apparaît une figure de femme; observez-la, elle est belle, elle porte autour du cou le voile ou camail traditionnel de la trinité égyptienne, qui lui masque le bas de la face et finit en rouleau au-dessous du menton.

C'est Isis, mère et femme d'Osiris, mère d'Horus ! Isis, « emblème du lever hiliaque de Sirius gardien des portes du jour et de la nuit » (VOLNEY).

Si, quittant cette apparition, on porte les yeux plus haut vers le milieu de la troisième cannelure, apparaît une grande tête de femme décharnée, dénudée, anguleuse, misérable, on lui trouve même une apparence de chouette, la ressemblance avec une effraye revient; on finit par se dire que c'est une tête de nocturne. On continue à fixer et à chercher, à démêler ce qu'est en somme la figure. Voilà maintenant qu'on reconnaît plûtot une tête de mégère dans un tableau sombre, noir comme un temps d'hiver ! Que signifie-t-elle, serait-ce l'équinoxe d'automne !

Mais arrêtons-nous sur cette dernière partie du morne, où, par suite de la rencontre et de la juxtaposition des lignes tracées sur le plan vertical de la montagne et troublant parfois le dessin de la vieille chouette, des caractères emblématiques ou significatifs se distinguent.

D'abord les deux cannelures qui ressortent si bien au milieu du faisceau de rayons, sont le signe zodiacal du *Verseau,* constellation voisine du Poisson.

Et trois cannelures, ou trois marques en forme de trait, sont dans l'Inde un signe de religion comme la croix pour les Chrétiens. Il est porté par les partisans du vieux rythme ! Brahma et non Bouddha ! Et Brahma est la religion suprême de l'Inde de temps immémorial.

Regardez bien, il y a d'autres traits intercalaires qui accompagnent ces trois traits; soyez indulgents ! Des centaines de mille qui vous contemplent ! Et vous lirez AM !

En vérité, quelle différence faire entre cette apparition et les trois lettres magiques, inexpliquées, datant du préhistorique que l'on voit partout inscrits dans les vieux pays du brahmanisme, et dont je me suis longuement occupé dans mon livre Ier, AUM !

La vue de la carte N° 1 est plus nette; je recommande chez elle l'inscription de ce phylactère sacré, car il n'en est pas de même de toutes les cartes.

Tout ceci est bien extraordinaire, et comme toujours, admettons pour l'heure, qu'il n'y ait là qu'un effet de hasard, un jeu de la nature.

On peut néanmoins s'assurer par les autres vues que représentent le morne, qui nous occupe, que d'autres caractères que AOM ou AUM apparaîtront parfois; et si nous descendons même vers la mer pour avoir de face le quadrilatère ABEF, ce ne sont plus des lettres mais des figures qui se montreront.

Et pour croire que des mains humaines ont tracé toutes ces inscriptions qui ressortent à la montagne St-Denis, il faut observer tous les autres sites de Bourbon; le même phénomène ne se produit plus.

Nous venons de noter l'ampleur et le changement de direction que prend à un moment l'ordonnée AB. Et il n'est pas mauvais pour suivre ma dissertation et fixer les points de discussion que je désigne par des noms les points principaux que nous donne la vue dans les cartes 1 et 19.

Voyons le rond-point qui se trouve à son sommet, et qui paraît tantôt traversé par l'ordonnée, et tantôt, comme dans les cartes 1 et 17, simplement borné par elle au Sud.

Dans ces deux cartes, la partie orientale éclairée apparaît en croissant; et l'autre partie, au contraire, est ombrée avec trois points.

Elle apporte encore à la figure une apparence lunaire. Je donne à cette pointe le nom de Sine. Le Sine, pour les Chaldéens adorateurs de la Lune, était le premier des dieux, alors que le Shamas (1), nom du soleil, n'était pour eux qu'un dieu ordinaire comme Jupiter et les autres, zodiacaux ou non.

Indépendamment de cette apparence lunaire, le morne porte encore au Sud, et par suite, de l'autre côté, une grande figure qui se penche et s'endort, bien plus grande que celle qui nous fait penser à la Lune.

A-t-elle pour but de marquer le soleil, le *Masoandro* du Grand Océan? Ou cet astre est-il représenté par une autre figure dans la mythologie de la montagne, c'est un point à déterminer par la suite, et que je laisse à fixer par ceux qui voudront bien continuer l'étude de la montagne St-Denis.

Constatons seulement pour l'heure que le flot de rayons qui parcourt la montagne, de l'Est à l'Ouest, a sa direction sur le Sine.

A partir du Sine, le sommet du quadrilatère (V. les cartes 1, 17) se reconnaît par deux autres éminences.

D'abord on y remarque bien un bloc basaltique apparais-

(1) SINE et SHAMAS. Après la singulière étymologie trouvée ci-dessus pour Kisuthrus, le Noé Chaldéen, ces deux noms Sine et Shamas, de même origine, ont une grande importance au point de vue de la révélation linguistique. J'ai déjà donné dans mon livre Ier la traduction du mot *sine* ou *lune*, de *sina*, lune, tant pour donner la traduction du mot Sin ou Sine, lune, que de la Chine elle-même, qui d'après ma théorie géologique et cosmogonique, était elle-même une ancienne lune, un ancien satellite de la Terre, la tradition du Céleste empire corroborant ici la théorie. Or, les Chaldéens employaient les mots océaniens Sina et Sahamaso pour désigner leurs dieux Lune et Soleil. Tout le Grand Océan désigne le Soleil sous le nom de Maso Andro, œil du jour et Sahamaso en océanien signifie la place de l'œil.

La langue primitive pour les Chaldéens aurait donc été le plus pur océanien.

sant en cône tronqué et dévidé, qui représente certainement
une figure importante du ciel; des formes ressortent de çà et là;
sa base est constellée d'astérisques; tout ceci n'est pas d'origine purement volcanique.

Et pour bien le déterminer, faudrait-il le voir du Nord de

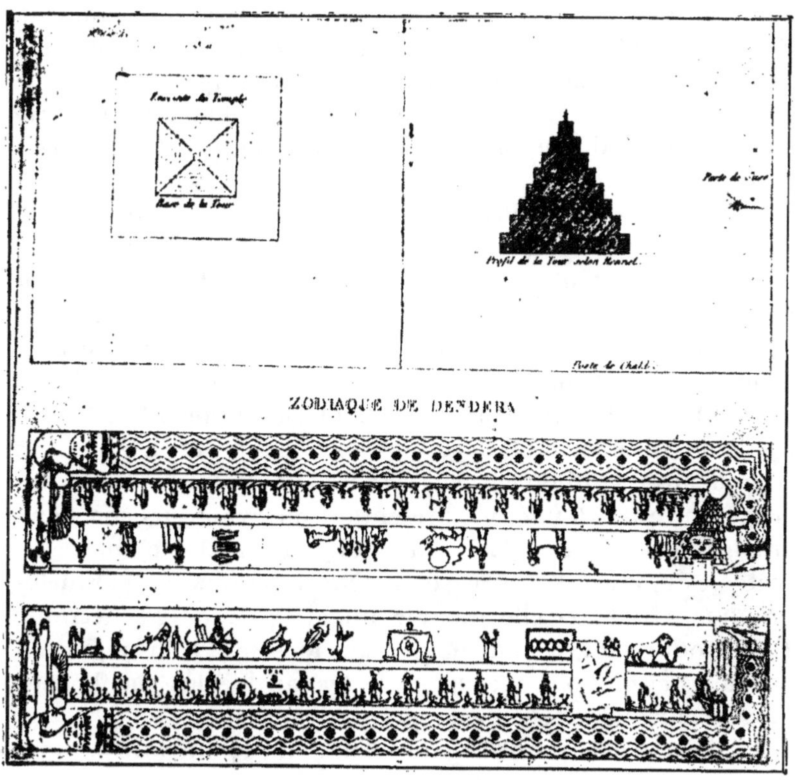

l'île, c'est-à-dire de la mer, car évidemment toute la partie
accore de la montagne dont la mer baigne aujourd'hui les
pieds n'a pu être modelée et sculptée qu'à l'époque où la plaine
liquide n'existait pas, où le sol du Nord de l'île Bourbon ne
s'était pas affaissé sous l'eau, où les populations du Continent
paléaustral pouvaient faire leur pèlerinage et venir baiser
dévotement la terre qui portait leurs dieux.

En attendant que la signification de ce morne soit reconnu, j'en fais hommage au conventionnel Bailly, l'illustre et savant français, une des gloires les plus pures et les plus infortunées de la Révolution française, celui qui le premier eut le pressentiment de ce que nous découvrons aujourd'hui :

« C'était, affirmait-il, d'un peuple primitif, antédiluvien, dont la souche ne se voit plus, que partaient évidemment toutes les *notions astronomiques et zodiacales* retrouvées les mêmes chez les anciens peuples de la Terre. Impossible de conclure autrement en raison de l'impossibilité où l'on est d'attribuer au hasard une si frappante conformité » (*Astronomie antique*)

Après le morne Bailly, le profil du haut de la montagne compte encore une crête bien visible de la ville de St-Denis, tête d'homme dont le bas du visage est effondré avec un col rutilant de pourpre, par suite de la couche de latérite, sur lequel le rocher est assis. Mais pour trouver une figure plus complète, il faut aller au plus loin, sur le rivage, à l'extrémité du Pont du Barachois par exemple (V. les cartes **21**, **26**, **29**). De là le spectacle est déjà impressionnant; un homme est étendu sur le bord de la falaise, toute la face tournée vers les cieux, sorte de Prométhée présentant aux vautours son flanc amaigri, figure d'anachorète, de djoky indien. Je nomme cette crête le Fakir (1); sa base au Nord termine le parallélogramme ABEF, et elle domine un autre tracé géométrique EFG, tout entier, à nous donner une idée de la transmigration des âmes et où l'on rencontrera le travail le plus fin, le plus miraculeux des ciseleurs du préhistorique.

La découverte des principaux points du sommet de la montagne, véritables points de repère dans la circonstance, me permettra de mettre facilement le lecteur sur la voie des figures zodiacales, celle que nous avons principalement à retrouver, et pour mieux se reconnaître je le prie de me suivre sur la carte N° 19 qui donne une vue de face de ABEF, et en même temps, comme je reproduis le tracé des lignes géométriques, j'indique dans le tableau ci-après la place des figures zodiacales.

(1) Fakir, de *faha kiry*, un ancien qui s'obstine.

CHAPITRE X

Le ciel au temps du paléaustral. Constellations descendantes du zodiaque de St-Denis : Le Scorpion, le Sagittaire, le Capricorne. La Balance, le Verseau, les Poissons, le Temple et la Semeuse. Pégase ou le Ptérodactyle, l'Hyléosaure, Hercule, Omphale. Prototype des Zodiaques.

Étant donné que nous avons sous les yeux la carte N° 19, tâchons donc de nous reconnaître avec le tableau géométrique de la montagne, que je viens de donner.

Et d'abord, à gauche de la carte, nous voyons dans une sorte d'ellipse, au sommet, une grande tête de félin qu'on est tenté parfois de prendre pour celle d'un lion; au dessous, celle de la Vierge, ici toute défigurée; au dessous le signe astronomique V; au dessous le crâne de l'homme blanc; ce sont bien là les figures constituant la borne Sud de la ligne AB.

Mais tout change, au Nord de cette ligne, dans les perspectives que nous avons eues jusqu'ici en suivant le flot de rayons qui descendent directement du Sine sur le Verseau.

Le Temple. Cette ligne ici n'apparaît plus avec sa rectitude. Je veux bien que toute ligne droite, tirée sur une surface courbe apparaît en courbe si on la regarde de côté, mais n'a-t-on pas recherché ostensiblement, non plus un arc, mais une circonférence entière? Veuillez jeter les yeux sur les cartes 21 et 22 qui suivent, où il vous sera facile de reconnaître dans les sommets de la montagne, le Sine, le Bailly et le Fakir; remarquez la courbure que prend le flot de rayons à partir du Sine : au milieu, comme une tour délabrée, par devant une ouverture dans la muraille; il y a là comme des ruines

d'un ancien temple. Pour avoir cette transformation dans
la vue, il suffit de faire quelques pas, quitter la place du
Gouvernement où a été pris la vue N° 19, et descendre dans
le lit de la rivière.

Je note cette apparition d'un temple, toujours en raison des
concordances remarquables que nous pouvons constater entre
les ruines de la montagne St-Denis et les plus célèbres zodiaques
connus.

Les zodiaques ne relatent habituellement que les douze
figures qui répondent aux douze mois de l'année; or, dans le
superbe zodiaque de la cathédrale d'Amiens, datant de huit
siècles au plus, mais où l'auteur s'est certainement inspiré
comme toujours d'un modèle ancien, je remarque deux figures
qui s'ajoutent aux douze autres, un temple en forme de forte-
resse avec une porte à verrou, et une semeuse (1) à la façon
de celle de nos cartes postales.

Chose singulière, je retrouve ces figures complémentaires
dans la montagne de St-Denis, et comme toujours, à travers
les âges, elles se seraient donc reproduites dans les temples
et les basiliques, sans qu'on en sût la véritable signification,
alors que l'emblème souvent dépendait d'un ancien culte
que l'on condamnait.

Je remarque de plus, dans la construction, une parenté de
style qui est frappante. Je note toujours ces particularités
qui m'amènent à faire des rapprochements qui paraissent
puérils et impossibles, car après tout il s'agit ici d'entrevoir
une relation entre des travaux de la période historique et
d'autres que je crois dater du tertiaire !

Pégase. Reprenons notre description du nord de la ligne AB,
la carte N° 19 sous les yeux.

Nous retrouvons bien Isis incrustée dans le corps du poisson !
AUM se lit encore sur le Verseau ! Mais voici une apparition
nouvelle. Une tête de cheval, avec une gueule susceptible
de s'ouvrir démesurément comme celle d'un reptile, repose sur

---

(1) En la carte 28, on voit à l'extrémité du cap Bernard une grande
femme dans l'attitude de la semeuse portant au côté une escarcelle, où
se dessine une tête de taureau, d'un taureau de labour sans doute.

le verseau ! L'encolure a le signe de l'écliptique d'un côté et le Poisson de l'autre, ce que nous avons mieux constaté dans les cartes 5 et 9; on dirait un cheval ailé.

Et si nous consultons les reconstitutions — entreprises par nos paléontologistes — de certaines espèces disparues et fossilisées, classées même comme éteintes pendant le secondaire, nous sommes frappés de la ressemblance de ce cheval ailé avec l'un des ptérodactyles retrouvés.

Or, le dragon a paru être de tous les animaux ailés, le dernier qui ait survécu, s'il faut en juger du moins par nos vieilles traditions; et plusieurs auteurs, notamment M. Contejean, l'un de ceux qui ont décrit le ptérodactyle, ont pensé que c'était bien lui le DRAGON de la fable, cet animal que nous avions cru inventé et qui a pourtant vécu.

Mais un doute me vient; je vois plutôt ici Pégase, et je crois bon d'en énumérer les raisons : 1º il s'est déjà retrouvé une vingtaine de ptérodactyles fossiles; ils n'avaient certes pas la dimension de nos chevaux, mais le Continent paléaustral a pu en fournir de plus beaux, et d'ailleurs l'importance donnée à cette figure dans la construction du préhistorique, sa grandeur, son élégance, prouvent bien qu'il s'agit ici d'un animal plus étendu que ceux dont les débris ont été retrouvés.

On ne peut penser d'un autre côté qu'il s'agit ici du cheval lui-même; ce dernier n'a pas la tête angulaire; il la porte autrement, il a de longues oreilles, alors que dans la roche de Bourbon les oreilles sont celles d'un oiseau; il a l'œil grand ouvert; la courbure du nez d'un cheval est sortante, elle est ici rentrante; la gueule du cheval va en s'affinant, ici elle s'élève comme chez le rhamphorynque, espèce de ptérodactyle; enfin la gueule du cheval n'est pas fendue comme celle d'un reptile.

Nous sommes donc bien en présence d'une espèce de reptile ailé, signalée jusqu'ici parmi les fossiles retrouvés, et que nos Préariens ou nos Préchaldéens du continent disparu auraient connue.

Car il faut bien se le dire, tout ce que l'iconographie de la montagne St-Denis reproduit de la faune du passé a certainement vécu sur le sol du continent disparu dont Bourbon faisait partie.

2° L'étymologie a une importance extrême en pareille matière et la vieille langue que nous retrouvons au Grand Océan nous dit que *drako* ou *drakon* signifie long et maladroit, que *pikaza* signifie gibier que l'on chasse d'habitude; Pégase était donc un excellent comestible comme l'était la grosse chauvesouris de Bourbon, détruite, disparue aussitôt découverte !

3° Le préhistorique a mis Pégase au rang des dieux; c'est la meilleure preuve qu'il a existé.

4° Étant un emblème, il devait représenter l'animal, tel qu'il était pour qu'on pût le reconnaître;

5° Dragon trouve également une place dans le ciel, mais Pégase est le voisin du Verseau et des Poissons comme le représente la roche à Bourbon.

BALANCE (1). Pégase, en la carte 19, semble prendre son vol pour se poser au Nord sur le morne voisin, bien fait pour le recevoir. C'est une terrasse régulièrement façonnée; sa base est taillée en quadrilatère avec des côtés verticaux, allant en s'élargissant, ce qui lui donne l'apparence d'un trapèze et aussi le profil de la balance à bascule, comme la représentent les anciens zodiaques; il est donc impossible de se méprendre sur la signification de ce morne; l'aspect de cette balance ressort des cartes 1, 4, 14, 17, 19, 21, 24, 27, 29.

Au-dessous de la Balance, principalement dans la carte 17, apparaît une bête énorme, dont la tête est aussi grosse que le corps, yeux énormes et terrifiants. Elle semble présider à la garde de la Balance ou de la Justice; aucun des grands reptiles et mammifères existants ne donne cette apparence, et les dessins de la montagne sont d'une exactitude telle qu'il nous faut croire à une réalité reproduite. Il n'y a que les grands ophidiens du secondaire, l'hyléosaure par exemple, qui peut nous en donner l'idée.

CAPRICORNE. Au-dessus de la Balance, taillée dans le même morne, apparaît une figure grave; menton, barbe, gueule,

(1) De *Baha lanja*, la mesure du poids.

nez, yeux et cornes rappellent ceux du bouc ou du cabri. sauf que tous ces traits s'élargissent ici et que les cornes sont horizontales au lieu de former le V, signe astronomique du bélier. Tous les vieux zodiaques ont représenté le Capricorne comme un pinnipède, espèce de phoque finissant en queue de poisson enroulée, toujours poursuivi par le Sagittaire. V. le zodiaque de Denderah. L'étymologie et la peinture qui en est donnée indiquent qu'il s'agit d'une espèce qui a dû disparaître, soit parce qu'elle était activement recherchée à la chasse, comme bête comestible, soit parce qu'elle était dangereuse. Capricorne, de *Kapiry korona*, signifie mauvaise bête enroulée. V. les cartes 1, 5, 14, 19, 21, 22, 27, 29, où l'on ne voit malheureusement que la tête.

SCORPION. Le Scorpion ne se laisse pas voir dans la carte 19. Mais dans la carte 26, au sommet et à gauche de la carte, au-dessus de la Balance et avant d'arriver à Bailly, on voit une tête d'arachnoïde apparaître tournée au Nord, queue au Sud, pattes sur les côtés. S.rait-ce lui?

Son étymologie indique que la constellation aurait eu un certain caractère de stabilité comme l'insecte lui-même d'ailleurs : *tsi koripiho*, qui ne quitte pas. En effet, rien n'est plus curieux que de voir cet insecte garder l'immobilité complète lorsqu'on le découvre sous l'écorce où il gît.

Bien que cette figure n'apparaisse que sur la carte 26, je m'arrête à elle en attendant que l'on trouve mieux.

SAGITTAIRE. Ici l'étymologie, de *Sazitery*, donne pour traduction : qui punit sur le champ. On dirait qu'après les mauvaises bêtes comme le scorpion et le capricorne, la Justice demandait un exécuteur des hautes œuvres. Dans cette même carte N⁰ 26, en effet, si l'on veut bien observer au Nord de la Balance et au-dessous de Bailly, on voit une tête à cheveux bouclés, portant comme un fez, avec le corps parfaitement dessiné, tenant horizontalement un tube ou un bâton; était-ce là pour ce temps l'arme du Sagittaire que les zodiaques représentent avec une flèche? Le cintre régulier dessiné pour le corps prouve que si l'arc et la flèche existaient comme arme du Sagittaire à cette époque, on n'aurait point été le moindrement gêné pour en donner une idée par le dessin !

Le corps du Sagittaire ne se retrouve plus dans les cartes que je produis; toutefois je recommande la carte 29, toute sombre qu'elle est. La Balance et le Capricorne s'y retrouvent, et, tout à côté au Nord, apparaît un corps de femme; elle semble frapper d'un bâton de la main droite et avoir au côté gauche une hache. Ce corps parfaitement découpé domine, dans les cartes 1 et 17, un grand homme à genoux, ayant des quenouilles en mains, où nous reconnaîtrons le tableau d'Hercule et Omphale. Qu'on ne soit pas péniblement surpris en pensant trouver ici, au milieu des témoignages du plus profond archaïsme, un souvenir de la mythologie grecque. La légende d'Hercule est tellement vieille sur la Terre qu'elle est de toutes les traditions humaines. L'historien Varron, 300 ans avant le Christ, en comptait 43 connues. Dans l'Inde, Hercule s'est appelé Rama, en Égypte, Dzom.

La situation donnée à cette figure que j'indique comme celle du Sagittaire est d'ailleurs conforme à ce que nous révèlent les vieux zodiaques; il accompagne toujours le Capricorne qu'il semble chasser, et dans la roche de Bourbon il le frappe.

Je pourrais appeler encore l'observation sur d'autres figures qui se dessinent dans les deux triangles que nous venons de parcourir surtout au Nord du Sagittaire et adossées contre lui (V. Nᵒˢ 1 et 17).

Je pourrais même dès maintenant attirer l'attention sur les grandes figures qui se font deviner çà et là dans les deux triangles que nous venons de parcourir, et sur la partie de la montagne qui fait face à la mer. Le genre de sculpture change, on le dirait d'une autre époque. Dans les tableaux qu'il taille dans la montagne tout aussi grandioses que les autres, li délaisse les animaux sacrés, il prend l'homme pour l'expression de sa pensée. Et c'est ainsi que nous sommes tentés de reconnaître certaines légendes de la fable dans les titanesques tableaux produits.

Le tableau d'Hercule et d'Omphale apparaît, par un bon éclairage solaire, dans la carte Nᵒ 1; il semble clore la série de ceux qu'on peut voir de la ville. Il n'en est rien. Désormais pour juger des autres, il faudra se poster au bord de la mer;

on aura plusieurs preuves que tous ces travaux ont été exécutés pour un peuple qui pouvait vivre au bas de la montagne, sur une surface continentale qui n'existe plus.

Pour les archéologues, il y a là un champ splendide à cultiver. Le chemin brisé de nos origines ethniques, aryennes et

LE ZODIAQUE DE DENDERAH (ÉGYPTE).

chaldéennes est là; la tête médique qui apparaît en profil au bas de la carte 30, la femme au type indien qui la suit sont d'une ressemblance soudaine. Avant d'entrer dans de nouvelles descriptions de la montagne, arrêtons-nous à cette importante question du zodiaque. Or je leur retrouve de divins Frères qui tour à tour, chaque année passent sur la Terre.

J'ai pu me tromper sur la place que je leur ai assignée, mais certainement ils y sont tous.

Nous touchons, en effet, à une partie de la montagne qui semble avoir été affectée à un ordre de faits traditionnels.

En tout cas, il y a ici une coïncidence à noter.

Hercule, au temps des Grecs, avait encore pour emblème le Sagittaire.

Je préfère donc pour l'heure m'arrêter à la question zodiacale; mon but sera atteint si je puis démontrer l'intérêt scientifique qui s'en dégage.

CHAPITRE XI

**La découverte d'un zodiaque à Bourbon nous révèle
la ramification de la civilisation qui a passé sur le
continent paléaustral avec celle des Ariens de l'Inde,
et les Chaldéens de l'Arabie et de l'Égypte. La parole
est aux Astronomes pour la détermination de son
âge.**

Cette question des zodiaques n'a pris son importance en
Europe que depuis l'expédition d'Égypte sous Bonaparte et
grâce aux savants français qui en faisaient partie. Elle inspi-
rait si peu d'intérêt précédemment que Diderot et d'Alem-
bert, en faisant leur énorme compilation encyclopédique du
XVIIIe siècle, en parlent incidemment et n'en citent aucun.
Pourtant déjà en 1739 un astronome, l'abbé Pluche, avait
énoncé timidement que leur création remontait au déluge
(Histoire du ciel), antérieure à l'arrivée des Chaldéens en
Égypte.

Ces zodiaques, legs pieux du sabéisme, avaient été des
compagnons obligés de monuments sacrés; ils étaient pour
la plupart d'une antiquité sans histoire, comme ceux de
Denderah et celui d'Esneh en Égypte, comme ceux de Sal-
sette et autres dans l'Inde, comme celui de la montagne
St-Denis que nous découvrons ! On en avait également trouvé
un peu partout aux ruines des autres vieilles contrées · Chine,
Japon, Asie Mineure, Grèce, etc.

Et comme tout ce qui touche au graphisme astronomique,
ces étranges figurations, généralement les mêmes partout,
avaient frappé l'attention des grands penseurs de notre période
révolutionnaire « qui ramenaient tout à la raison ».

Elles n'étaient point, suivant eux, de simples sujets d'orne-
mentation, transmis de génération en génération; elles étaient,

au contraire, l'expression d'une science certaine et d'une connaissance profonde en astronomie; elles provenaient d'une souche humaine, commune aux peuples qui les possédaient et tellement ancienne qu'il fallait remonter au delà du déluge, pour en rétablir la ramification ! Et, depuis cette poussée d'opinion des novateurs du XVIIIe siècle, sublime vision d'une science née dans la préhistoire, la question n'a pas avancé. Et, malgré les merveilleuses découvertes que les fossiles, au XIXe siècle, ont apportées à l'archéologie, à la paléontologie et à l'anthropologie, elle n'a pas été reprise !

Combien devons-nous regretter que la science européenne soit restée indifférente à tout ce qui se découvre et est à découvrir hors d'Europe du long passé de l'homme sur la Terre. Pour tous ces vieux pays que la géologie nous montre au-dessus des eaux, quand l'Europe en était couverte, la tradition et la fable même, les ruines d'industrie, la pierre travaillée, mouvementée ou redressée, la montagne affouillée et gravée, les mers endiguées ou canalisées sont autant d'affirmations d'un vieux passé qui éveillent nos méditations et que l'Europe ne peut avoir.

C'est aux Chaldéens (1), gens essentiellement astrologues et astronomes, qu'on attribue généralement la vulgarisation des zodiaques en Éthiopie ou Égypte et dans la Basse Asie.

Pour les contrées de Thèbes et de Memphis, rien au point de vue historique ne l'établit; on sait qu'une race blanche, suivant toute apparence arabe et qu'on a cru berbère y a prédominé de bonne heure sur la race noire d'Afrique.

Hérodote, d'un autre côté, commence sa mémorable chronologie, par dire qu'au début, des prêtres adorateurs de huit dieux, puis d'autres de douze dieux (Sabéisme), vinrent établir leur domination sur la population égyptienne, mais sans énoncer de quelle race ils étaient; la date qu'il donne ferait remonter cette domination à 19.500 ans.

Et supposons qu'on put passer à ce moment la mer Rouge à pied sec, ou que le détroit de Babelmandeb n'eut pas eu

____

(1) CHALDÉE, de *Kalady*, à qui on fait excuse, qu'on respecte.

son envergure actuelle, comme son étymologie le fait penser (1), l'Arabie Heureuse et l'Éthiopie se communiquaient et la race arabe serait venue de l'Est et non du Nord-Ouest.

Pour la Basse Asie c'est bien différent; les Chaldéens ont laissé à Babylone témoignages d'une science et d'une magnificence qui étonnent. Quand ils s'implantaient au milieu des Assyriens ils n'étaient, suivant Isaïe (2), qu'un peuple sans patrie, comme peuvent nous représenter aujourd'hui les Juifs; et leur célèbre historien Bérose leur reconnaissait pourtant une chronologie remontant à 432.000 ans. Comme Abraham, le père des Juifs, ils se disaient descendants des Sabéens, adorateurs des astres et provenaient par suite de ce puissant pays de Saba (3) dont le faste existait encore au temps de Salomon, mais que nous ne pouvons plus reconnaître aujourd'hui tant il est réduit.

Il n'est plus représenté que par la petite terre d'Yémen, située au nord de l'île Socotora (4), au sud de l'Arabie Heureuse, sur les bords de l'infortunée mer des Indes, où fut le Grand Continent austral, l· Préaustral !

C'est là que toutes les terres se sont effondrées, écartées, émiettées depuis qu'un événement capital dans l'histoire du globe y a amené l'affaissement graduel du sol et l'écoulement des mers du Nord vers le Sud (5).

L'humanité, qui a fait les grandes civilisations des pourtours de la mer des Indes n'a certainement pas eu conscience de la concomitance des grands bouleversements qui se sont produits au tertiaire et que la géologie peut suivre aujourd'hui merveilleusement. Aucune des nombreuses traditions qui s'y sont transmises ne peut nous le faire penser. Le déluge raconté à l'Orient de la mer Rouge chez les Juifs

---

(1) BAB-EL-MANDEB, C· Am bava hely mandevo, là, la petite ouverture effondrée. Les parlers qu· n'ont pas de v prononcent Bab' hel' mandeb'.

(2) Ce sont les observations de Volney que je relève ici.

(3) SABÁ vient de tsabâ, signifiant qui plonge.

(4) SOCOTORA, de Sokaoro, qui plonge en morceaux. Étymologies révélatrices.

(5) Sujet traité dans mon livre IV.

et les Chaldéens (1) n'a pas été consigné chez les Égyptiens.

Mais comment méconnaître ce que la raison nous fait de plus en plus entrevoir comme vrai ! La race aryenne se retrouve dans toute l'Europe et en Asie, et on ne sait d'où elle est partie !

Les Dupuy, les Volney et autres penseurs ont établi que nos vieilles religions avaient leur unique point de départ.

Une science nouvelle, la paléogéographie, vient d'établir qu'un continent austral immense a existé au secondaire et au tertiaire.

La roche travaillée à l'île Bourbon, fragment de ce grand continent, est l'œuvre d'une humanité bien lointaine dont les anciennes civilisations de la terre n'ont pas gardé le souvenir et pourtant le sabéisme a régné sur ce continent comme en Saba et en Égypte.

Et par suite, voilà que la question zodiacale projette, sur le vieux passé soupçonné entrevu, mais non prouvé, la lumière ardemment désirée, l'apparition de la souche cherchée.

Il existe au pays de Saïd (2), ancien royaume de Thèbes dans la Haute Égypte, plusieurs zodiaques enfouis parfois sous les décombres de vieilles villes et datant, dit-on, de plus de 6.000 ans.

Les zodiaques ont eu leur grande célébrité au commencement du xixe siècle. Je veux parler principalement des deux qui se trouvent au vieux temple de Denderah.

Le plus grand de ces deux zodiaques dont je reproduis le dessin, se trouve au plafond du temple; il est construit sur un plan rectangulaire avec figures ascendantes d'un côté et figures descendantes de l'autre côté, marquant très bien dans leurs sillons spéciaux les douze constellations sacrées.

Mais à côté de ces figures, il en est d'autres qui ont une apparence emblématique comme si, à l'époque de la construc-

---

(1) Hérodote parle de plusieurs déluges et fait remonter le déluge universel à 2.328 ans avant J.-C.

(2) Saïd, de *Saha hid,* la place des barrières, où le pays ne va pas plus loin, en raison des cataractes.

tion, le langage et l'écriture n'étaient encore qu'à l'expression symbolique.

Le plus petit des deux, dont je donne également le dessin. a été construit dans une chambre supérieure du même temple, en planisphère, et porte beaucoup de caractères hiéroglyphiques, explicatifs évidemment.

On dirait qu'il y a été placé comme pour reproduire un autre zodiaque connu et pour servir de comparaison à l'autre. L'ordre des figures zodiacales n'est plus le même dans les deux constructions.

Il est encore, non loin de Denderah, au temple d'Esneh, un autre zodiaque de grande envergure avec quelques modifications dans l'ordre des figures, mais marquant, dit-on, avec le grand zodiaque de Dendera, une unité de conception dans le plan de construction.

Je n'ai pu me procurer un dessin de cette dernière antiquité, mais celui que je donne du grand de Denderah, je le prends chez Volney (*Recherches nouvelles sur l'histoire ancienne*).

Et j'ai puisé celui du petit dans le *Bulletin* de la Société astronomique de France, de septembre 1915, où M. Boquet, l'un des membres éminents de cette Société, fait une dissertation très instructive sur les zodiaques connus en partageant cette croyance erronée commune à beaucoup, que les deux zodiaques de Denderah se ressemblent.

M. Nouet, astronome de l'expédition d'Égypte, croyant comme Dupuy, Bailly et autres, à la grande antiquité de ces ruines, a porté sa discussion principalement sur le grand zodiaque de Denderah, celui dont Volney donne le dessin dans ses *Recherches*.

Raisonnant la position équinoxiale du Bélier dans la figuration, M. Nouet concluait : 1º que ce zodiaque reproduisait les constellations dans l'ordre qu'elles occupaient à l'époque de la construction du temple; 2º que la position donnée au Bélier dans ce zodiaque était celle qu'il avait occupée 2.056 ans avant J.-C. Ce zodiaque par suite datait de 4.000 ans environ.

Cette assertion souleva des discussions passionnées; y prirent part : Dupuy, Visconti, Lalande, Delambre, Haima, Fourier, Biot, Francœur. St-Martin, Letronne (Bouillet).

Les uns faisaient remonter ces travaux aux temps les plus reculés, d'autres à l'époque greco-romaine; « quant aux zodiaques et aux planisphères qu'on y a trouvés et qui ont fait tant de bruit, dit Malte-Brun, un habile antiquaire (Visconti) a démontré qu'ils ne pouvaient être antérieurs à la conquête d'Alexandre, etc. ». L'homme, au xxe siècle du Christ, croit encore difficilement à son ancienneté sur la Terre. Qui songe en Europe à attribuer à une période, antérieure au quaternaire, tertiaire par suite, les édifications fossilisées de l'Égypte, les travaux et les sculptures de la roche retrouvée dans l'Inde dont on ne peut déterminer la date de construction, et qui se rapprochent de ceux de Bourbon? Une relation, une filiation architecturale existe certainement entre ces œuvres.

Les discussions provenaient surtout d'une certaine confusion. Les savants de l'expédition d'Égypte avaient vu et avaient raisonné ce qu'ils avaient vu; ceux qui contredisaient, prenaient le plus souvent leurs inspirations du fac-similé porté au Louvre de Paris, et qui ne se rapportait guère aux grands zodiaques de l'Égypte. Je donne ces explications pour tenter d'écarter autant que possible l'incrédulité et les colères peut-être que mes thèses ne manqueront pas de soulever. Et peu importe d'ailleurs l'âge précis que MM. les astronomes voudront bien donner aux travaux préhistoriques de la montagne de St-Denis. Je n'ouvre point la discussion sur ce point.

Ce que je veux établir, c'est que le monde antédiluvien qui a vécu sur le Paléaustral et a laissé ses traces aux îles de France et de Bourbon, a eu sa relation par le pays de Saba, avec les prêtres adorateurs de douze dieux qui vinrent établir leur domination en Égypte (17.570 ans avant J.-C., dit Hérodote); c'est, en d'autres mots, que le zodiaque de Denderah, malgré toute sa perfection, est le fils de celui de Bourbon; la filiation technologique, en architecture ou en sculpture, se suit toujours d'une façon lumineuse. La citation qui suit m'aidera.

Extrait de Volney, page 553, de l'édition de Firmin, de 1837.

« Avant l'invasion des Arabes de 1.800 avant J.-C., une profonde obscurité règne sur l'histoire de Memphis et de la basse Égypte, sans doute parce que leur tyrannie fit disparaître les monuments.

« Le royaume de Thèbes, au contraire, homogène en son territoire, et favorisé de ses granits impérissables, nous a transmis, en ses temples, en ses palais, en ses tombeaux, d'innombrables monuments d'une civilisation dont l'origine remonte *à une antiquité indéfinie.*

« Malheureusement, les secrets en sont exprimés par des figures hiéroglyphiques que l'on sait rarement exprimer. Leur sens néanmoins, en quelques tableaux astronomiques, s'est montré assez clair pour en déduire des résultats peu contestables.

« Ainsi dans le zodiaque du temple de Denderah (jadis Tentyr?), la disposition des signes et constellations est tellement combinée qu'on s'accorde à y voir l'état du ciel au moment de la fondation du temple ou de la peinture; et parce que le mouvement annuel de précession, que les astres observent relativement au soleil, semble être un cadran séculaire inventé par la Providence pour révéler ses mystères à l'homme studieux, d'habiles astronomes ont regardé comme certains que la position du soleil dans le signe du Bélier, telle que le donne le zodiaque de Denderah, exprimait l'an 2056 avant notre ère, de même qu'une autre disposition des signes dans le zodiaque du temple d'Esneh exprime l'an 4.600 sans doute, beaucoup de lecteurs verront avec plaisir les preuves de ces assertions détaillées par l'un des témoins des mouvements et l'un des maîtres de l'art; à cet effet nous joignons un mémoire de feu M. Nouet, astronome de l'expédition d'Égypte, dont la copie nous est venue d'une main amie.

« Ce mémoire suppose la connaissance de celui qui a publié Dupuy dans la *Revue philosophique,* et qui n'est pas l'un des moindres produits de la sagacité et de l'érudition de cet homme dont le plus grand tort est de n'être pas entendu par les plus beaux esprits de ce temps.

Rapport de M. Nouet. « Le plafond au péristyle du temple de Denderah est soutenu par 24 colonnes sur 6 rangs qui divisent le plafond en 7 plates-bandes parallèles à l'axe du temple.

« La plate-bande du milieu, beaucoup plus large, comprend

dans sa longueur des globes ailés qui en occupent toute la largeur; les 6 autres plates-bandes, dont 3 de chaque côté, contiennent chacune deux rangées de figures sculptées en relief et peintes; elles ont environ 3 pieds de hauteur.

« Les constellations du zodiaque se trouvent dans une moitié de chaque plate-bande à droite et à gauche du péristyle; les espaces entre chaque constellation sont occupés par des personnages dont plusieurs, avec les attributs des divinités, doivent avoir leurs relations avec les constellations.

« La plate-bande extrême à gauche, en entrant sous le péristyle, comprend dans sa demi-largeur qui se trouve du côté du milieu de ce péristyle, les constellations ascendantes dans l'ordre suivant à partir du mur du temple : le Verseau, les Poissons, le Bélier, le Taureau, les Gémeaux, le Cancer.

« La seconde partie de cette plate-bande est occupée par 18 bateaux conduits par des figures emblématiques qui représentent les 18 décans et doivent avoir des relations directes avec chaque constellation.

« La dernière plate-bande à droite en entrant sous le péristyle comprend dans sa demi-largeur du côté du milieu de ce péristyle, les 6 constellations descendantes dans l'ordre suivant à partir du côté de la cour au mur du temple : le Lion, la Vierge, la Balance, le Scorpion, le Sagittaire, le Capricorne (1).

« L'autre demi plate-bande renferme 18 bateaux qui représentent 18 décans.

« J'ai remarqué une disposition particulière dans la manière de distribuer les constellations ascendantes et descendantes.

« Le Lion, première constellation descendante, se trouve plus avancé qu'il ne devrait être s'il occupait le milieu de l'espace d'un signe.

« Le Capricorne, dernière constellation descendante, se trouve contigu au mur du temple; l'espace qui devrait être entre cette constellation et le temple se trouve transporté, dans la plate-bande des constellations ascendantes, où le Verseau est trop distant du mur du temple.

---

(1) L'année égyptienne se divisait en 36 dizaines de jours appelées décans. Trois décans se rapportaient à chacune des 12 constellations comme chacune d'elles s'est rapportée de nos jours à chacun des 12 mois.

« L'espace de la constellation du Cancer est plus petit que celui de l'espace d'un signe.

« La constellation du Cancer est transposée à l'extrémité de la plate-bande et dans le milieu de sa largeur.

« Un buste d'Isis, placé au-dessous d'un portique, se trouve occuper la place du Cancer.

« Un soleil placé au solstice sur le prolongement de la ligne des bateaux envoie un faisceau de rayons divergents sur le buste d'Isis, emblème du lever héliaque de Sirius, gardien d'Isis, et placé à la porte du jour.

« Ce langage astronomique indique clairement que le soleil parvenu au solstice fait par la force de ses rayons disparaître Sirius à son lever héliaque...

« On peut conclure de cet exposé, et du déplacement sensible et assez reconnaissable aux extrémités des constellations ascendantes et descendantes du zodiaque du Péristyle, l'époque approchée de la construction...

« J'exposerai le résultat des calculs qui conduisent à cette époque... »

J'arrête ici ma citation, ne voulant pas provoquer de discussions sur les différentes thèses et théories astronomiques que cette découverte de l'Expédition d'Égypte a provoquées. L'attention que je demande est pour cette figure solstitiaire d'Isis, indéniablement retrouvée avec son voile mentonnier et traditionnel dans la montagne de St-Denis et également reconnue par M. Nouet dans le zodiaque de Denderah !

Pour que le savant français, dans la simple figure de femme qui domine le flot de rayons au temple égyptien, ait vu la même déesse sacrée, comme nous,   nous ne pouvons la méconnaître à Bourbon, --- il a fallu qu'il y ait eu lors de l'Expédition d'Égypte d'autres circonstances concomitantes qui aient encouragé la pensée du savant.

Toujours est-il que la conception de cette même figure à Bourbon et à Denderah pour marquer le solstice n'a pu provenir que d'une source commune à travers les âges.

Et alors la relation de cette humanité primitive, qui a vécu sur le grand Continent austral du passé, avec celle qui a fait la civilisation Sabéenne et a franchi le Babelmandeb pour s'arrêter dans la Haute Égypte ne peut plus faire doute ! Les conclusions à en tirer sont considérables ; nous serions donc sur les traces de ce monde antédiluvien, tout à la foi, aux mathématiques, à l'astronomie, et qu'entrevirent nos grands novateurs de la Révolution française.

Et ici, faut-il encore donner souvenance à certaines théories de mon livre IV.

A la place où se trouve la mer des Indes, où se trouvait le dernier gros fragment de l'ancien Continent austral, descendu tantôt brusquement, tantôt lentement, sous les flots, les crêtes longitudinales de la croûte terrestre, dites du secondaire, ont dû être les dernières à disparaître, à s'effacer.

L'humanité antédiluvienne, qui y a certainement existé, a dû irradier par ces crêtes pour stopper au Japon, en Chine, dans le Dekhan, en Médie, en Arabie.

Et l'interception se produisant graduellement à mesure que la croûte terrestre s'écartait et s'affaissait, les dernières crêtes à disparaître durent être celles de l'Inde et de l'Arabie. Telles se montrent encore sous les flots les longues terres du socle St-Hilaire, sœurs de Madagascar, dont j'ai parlé en mon livre IV. Telles surnagent dans la mer des Indes encore au dessus des flots les longues suites d'îles comme les Maldives, les Laquedives. Et l'étymologie est toujours révélatrice *laha-k diva*, sur le point de disparaître, Maldives, de *Maldiva*, Malais sur le point de disparaître.

Il ne faut pas s'étonner si, avec un passé si imposant de rénovations sublunaires, les Sabéens et Chaldéens aient été les derniers à prévoir les catastrophes, à s'abandonner à l'arche tutélaire, à rapporter les notions philosophiques les plus pures du précédent Manou, comme disent les livres indiens.

Mais en même temps que l'hémisphère austral s'écroulait et s'éparpillait, les survivants de l'ancienne humanité, les Sabéens et les Aryens se réfugiaient sur les terres nouvelles qui se relevaient dans le Nord.

Des peuples nouveaux, en possession des notions primitives, se sont ainsi formés, se développant séparément et modifiant différemment ces notions primitives dont ils ne comprenaient plus la profondeur et la portée. Et malgré tout, l'iconographie sacrée des ancêtres se transmettait religieusement.

En vain le sabéisme ou religion des douze dieux disparaissait, toutes les mythologies qui en sortirent conservaient dans leurs temples les figurations zodiacales, tous les peuples tenaient toujours à avoir leurs monuments sacrés, tantôt les façonnant dans la pierre brute, comme dans l'Inde, tantôt en y consacrant tout leur art architectural comme en Égypte.

Le plus merveilleux de ces zodiaques fut peut-être celui de Sésostris ou Rhamsès II; il était tout d'or ciselé, avait 360 coudées de circonférence sur une de largeur, portait douze divisions de trente degrés, chacune d'elles avec son dieu particulier. Hélas! cette richesse fut bien vite la proie d'une des nombreuses invasions dont le pays fut l'objet!

Il y a mieux encore! La force de l'atavisme — malgré la prétention des peuples nouvellement formés, à la possession d'un véritable Dieu, — cette force irrésistible, dans la consécration inconsciente à travers les âges, des pensées pieuses du Paléaustral, fut telle qu'elle vint se manifester d'une façon éclatante partout dans le monde nouveau, dans le Manou actuel comme diraient les Indiens.

L'iconographie sacrée des douze dieux dont nous reconnaissons la trace éclatante sur le sol de Bourbon, c'est-à-dire sur les ruines de l'ancien monde disparu, passa en Arabie, en Égypte, dans l'Asie Mineure, dans tout le monde gréco-romain et jusque sur les bords de l'Atlantique.

Quelle fut admirable la révolution produite dans notre vieille Gaule par l'arrivée de ces traditions respectées!

L'art architectural et sculptural n'y apparut qu'au XIIe siècle de notre ère, après cinq siècles de christianisation, sous l'influence des mœurs et pratiques byzantines.

Les théologiens et les évêques, venus d'Orient, nous les portaient.

De merveilleuses basiliques s'élevèrent pour l'expression de la foi nouvelle; les plus anciennes en date comme Vézelay, Sens, Laon, les plus récentes comme Paris et Amiens, portèrent dans leurs flancs, les figures adorées du monde préchaldéen et préarien.

De savants chrétiens ont pourtant présidé à la construction de ces merveilles de l'art, et malgré toute leur science, l'explosion de l'atavisme les éblouissait; les zodiaques n'étaient plus qu'un souvenir, inconsciemment vénéré, dont ils ne comprenaient plus, hélas! la portée scientifique. Ils étaient Sabéens.

Mais honneur encore une fois, aux novateurs de la Révolution française!

Comme l'a proclamé le célèbre auteur des *Ruines*, athée pour son temps, « les mouvements retrouvés des astres à travers les âges sont des enseignements laissés par la Providence pour révéler les mystères aux hommes studieux ».

Il leur appartient donc d'étudier, de classer et de raisonner les figures étranges du passé qui apparaissent à Bourbon! Et s'ils y retrouvent un zodiaque d'une précédente humanité, de combien vieille leur semblera la situation des astres, telle que la peinture nous l'a produite?

CHAPITRE XII

Terminologie céleste. Ce que nous disent tous ces noms inexpliqués rapportés par la tradition et provenant d'un monde antédiluvien : Suprême révélation du parler océanien. — Le Bélier, le Taureau, Aldébaran, Les Gémeaux Castor et Pollux, L'Écrevisse ou le Cancer. Le Lion Orion. Procion, La Vierge, le Scorpion, Antarès. Le Capricorne. La Balance. Le Sagittaire, le Verseau. Les Poissons. Famalhaut — Étoiles : Constellations. Eridan. Achernard. Beteigeuse, Bellatrix. Rigel. Arcturus. Sirius, Canopus, Cassiopée, Céphée. Erichton, Ophiuchus. Régulus. Dénébola. Ataïr. La Lyre. Wéga. Andromède, Nébuleuses. Hyades. Pléiades, Alcione, Péléione. Atlas Mérope. Electre ,Céléno, Astérope, Taygète. Planètes : Jupiter, Neptune, Mars, Mercure, Apollon, Vulcain, Vesta, Junon, Minerve, Diane, Cérès, Vénus, Hercule, Pluton, Saturne, Amphitrite. Muses. Melpomène. Terpsichore. Uranie.

Précisons ce que nous découvrons.

Je me suis assez étendu sur l'iconographie flagrante, qui ressort comme œuvre humaine de la montagne St-Denis, et j'ai ainsi établi que nous sommes sur un filon important du préhistorique.

Pour ma démonstration, je n'ai opéré jusqu'ici que sur des cartes postales, images de la montagne qui sont à la portée de tous et qui reflètent la nature bourbonnaise dans le charme que lui trouve le voyageur.

Que sera-ce le jour où nos artistes se mettront résolument à faire ressortir d'une façon éclatante, les legs pieux que nous a laissés toute une humanité disparue. Évidemment, au sujet des impressions que j'ai cru devoir rapporter sans recherche de la vue de certains points disloqués et délabrés de la montagne, et malgré tout encore frappants, je m'attends à ce qu'on établisse que je me sois parfois trompé. Qu'importe ! Ce sera sur l'ensemble de la révélation que le lecteur appréciera.

J'ai voulu établir notamment que, malgré la multiplicité des images qui ressortent des principaux points en saillie, les grandes figures du zodiaque avaient été principalement l'objet d'une reproduction recherchée, qu'elles se renouvelaient quelquefois. Des discussions vont par suite se produire pour le plan à assigner à quelques constellations, tels le Lion, le Taureau, ceux dont les figures se laissent peu reconnaître dans les cartes postales, tels le Cancer et le Scorpion.

Or, sur ces divers points, j'ai déjà fait observer que les discussions ne pourront utilement se produire que le jour où, par un travail de déblaiement, tout le flanc oriental de la montagne sera mis à jour.

Puis, le monde préhistorique, qui, le premier, a observé les cieux et classé en 12 divisions les constellations qui suivaient le soleil dans sa course apparente autour de la terre, a été jugé *antédiluvien* par les grands novateurs de la Révolution française. Quelle valeur donner à ce mot?

Depuis eux, les déluges sont restés pour les géologues des accidents partiels dans l'histoire de la planète; on ne s'arrête aujourd'hui, pour le classement en âges, qu'aux grands bouleversements, qui ont renouvelé la face de la Terre dans toute son étendue, qui dans un mouvement d'ensemble, ont été des affaissements sous l'eau pour certaines régions de la Terre et des exhaussements pour d'autres. Il est enseigné que la formation des océans actuels et des montagnes qui les bordent ne peut remonter au delà des diverses phases du tertiaire. S'il est vrai que les grands mouvements d'ensemble des régions du Grand Océan ne sont pas encore assez reconnus pour les attribuer au tertiaire ancien, moyen ou récent, il serait illogique de les placer au quaternaire. Pour cette raison, je ne puis que faire remonter au tertiaire le cataclysme qui a changé le continent paléaustral en océan, qui a fait disparaître sa grande

faune, celle que la montagne St-Denis reproduit sur sa roche
indestructible, et dont les moindres vestiges ne peuvent pourtant être retrouvés, tant le temps où ils vivaient est loin de
nous. Et dès lors les 330.000 ou 340.000 de M. M. de Mortillet
apparaissent.

Une grande révélation me reste à demander au Grand Océan.
Cet ancien monde a eu sa relation avec le monde actuel,
puisque le Zodiaque retrouvé parmi les ruines du Continent
paléaustral a sa relation avec les anciens zodiaques de l'histoire.

Ce Zodiaque a eu une dénomination spéciale comme tous les
grands astres de la voûte étoilée. Les noms qu'ils portent
n'ont été traduits par aucune des langues parlées par ces
anciens peuples de l'histoire. Que diront Messieurs les astronomes, si nous découvrons que la terminologie, rapportée par
la tradition, reçoit sa pleine et entière traduction par le langage
actuel qui se parle au Grand Océan? Aurions-nous encore là
une nouvelle preuve de l'enchaînement des humanités sur la
Terre?

Et cette traduction des noms incompris pour l'heure, mais
qui se comprenaient à l'époque où l'on parlait sur le continent
paléaustral nous donnera, de plus, une idée de l'extrême élévation de pensée de Science et de civilisation de l'humanité
qui fut. Et du même coup nous avons la révélation de la langue
qui s'est parlée sur la Terre au temps du Paléaustral.

Pour la traduction, je suivrai la méthode que j'ai adoptée
dans mon livre II des Révélations, et que j'ai expliquée au
même livre.

Je donnerai la traduction littérale par les simples racines
et toujours mot à mot.

Et cette simple traduction des noms du ciel nous fera
reconnaître qu'ils n'ont pu être donnés qu'à l'époque où l'humanité, pour se reconnaître sur terre, et reconnaître les mois
de l'année, avait besoin d'une observation constante du mouvement des astres, où cette humanité pour se comprendre
s'exprimait alors dans le langage océanien, que nous retrouvons dispersé sur quelques bribes du continent disparu, et que
nous ne reconnaissons plus chez les descendants des anciens

Aryens et Chaldéens, héritiers pourtant des traditions religieuses de ce continent disparu.

Et à cette époque, l'humanité devait alors au moins par ses prêtres, gardiens de ses secrets, être en possession d'une véritable science en matière astronomique.

On n'a jamais pu, d'ailleurs, s'expliquer la cause déterminante des noms donnés. On s'est efforcé de trouver aux constellations certaines ressemblances : ce fut en vain; et dans cette voie, des astronomes, notamment Ptolémée, en vinrent à modifier la situation réelle des étoiles, pour arriver à former des figures. Peut-être aussi, ne pouvons-nous plus retrouver les anciennes figures, étant donné que les étoiles ne sont pas restées fixes comme on l'a cru longtemps, et que la dénomination date sans doute de centaines de milliers d'années, au moins des 330.000 de M. M. Mortillet.

Une traduction de ces noms par la langue du Grand Océan nous mettra sur la voie de découvertes précieuses, admirables.

LES DIEUX DU ZODIAQUE.

LE BÉLIER. — Ce mot qui a désigné l'animal et l'instrument de guerre, vient mot à mot de *bély é*, qui bat, qui frappe de la tête ou du pied, comme l'animal. Il pourrait être sans doute difficile de se reconnaître exactement dans la raison du nom. N'a-t-il pas été constaté un changement considérable dans l'éclat de ses étoiles pendant la période historique? Sa plus brillante étoile, qui était à son pied, n'a même plus d'éclat!

LE TAUREAU. — Le mot taureau, nous l'avons déjà vu au livre IV, vient du mot océanien *toro*, qui signifie *qui montre, fait voir, annonce*. En ceci, il rappelle le Bélier, car le taureau tient aussi la tête du troupeau et ouvre la marche. D'un autre côté, le nom de sa principale étoile, Aldebaran (de *al hidy baran*, qui sort la barre de la porte), donne encore dans la même langue le même sens.

LES GÉMEAUX. — De *zaz' himo*, signifiant enfants serrés l'un contre l'autre.

On les représente souvent ainsi ou encore comme deux fruits qui n'en forment qu'un. Et j'ai fait observer, par la vue

qu'on a dans deux cartes postales de la rue de l'Église, que
l'artiste génial du préhistorique seul a eu l'idée de représenter
deux faces miroitant sur un même corps humain.

Or, il n'est pas inutile de rappeler à ce sujet une singulière
particularité du groupe des Gémeaux dans le ciel. Ce groupe
est facilement reconnaissable par ces deux belles étoiles Castor
et Pollux qui semblent s'aligner. Et peut-être qu'à lui seul
Castor a donné l'idée des jumeaux.

Or Castor, de *Katsa tory*, a pour signification le *poteau
d'un alignement*, et Pollux, de *polololotru*, signifie la *continuité*
de cet alignement, mais on vient de découvrir depuis peu que
Pollux lui-même a cette propriété de se *dédoubler en deux
étoiles ;* son miroitement tout particulier, déjà découvert dans
le préhistorique, n'aurait-il pas été la cause du nom, puisque
Castor et Pollux sont loin de se toucher dans le ciel et qu'ils
ne sont pas les seules étoiles à se trouver deux à deux dans la
constellation des Gémeaux.

L'ÉCREVISSE OU LE CANCER. — Le nom primitif de cette
constellation a dû être ou l'Écrevisse ou le Crabe.

Ces deux crustacés ont la propriété de se mouvoir, le premier en reculant, le second en tournant de côté; les mots
Vitsy et *be* signifient petit et gros pour différencier les deux
bêtes par leur grosseur, mais la racine *Kery* dans la circonstance ne signifie pas exactement qui recule; il a pour sens :
qui regarde en arrière, qui fait un tour et revient comme les
astres à son point de départ.

Le mouvement de précession de l'équinoxe ne semble pas
être pour tout dans le nom; on peut penser aussi que lorsque
le nom se donnait le Soleil traversait cette constellation à
l'équinoxe du printemps. Je fais encore observer qu'avec
Kery pour racine on devrait dire : Crèbe, et non crabe.

Avec cette dernière prononciation il faudrait prendre
Karabe, ce qui signifierait alors grosse coque, grosse coquille,
ce qui représente bien le crustacé.

Et, de plus, on ne dit plus crabe, mais bien Cancer; c'est un
des cas où le figuré a fini par l'emporter sur le mot propre.
En effet, la maladie du Cancer, qui ne pardonne pas, et qui
rappelle le crabe dans son implantation sur l'organisme, — en

latin, — a fini par désigner le Crabe lui-même alors que le mot Cancer indique la maladie elle-même, *Kan' ser*, maladie qui va vite.

Le préhistorique, qui nous occupe, étant certainement bien antérieur au latin, notre vénération pour les choses consacrées nous fait naturellement penser que la maladie du Cancer n'a été pour rien dans le nom donné au dieu du Zodiaque.

Le Lion. — J'ai déjà donné au livre II pour étymologie à Lion ou Lyon, comme nom de *lieu, li on* signifiant côté du fleuve; je ne suis pas tenté de chercher une autre explication, en raison de ce que la constellation de ce nom est représentée dans les peintures du temps passé par un lion porté par une barque.

D'un autre côté, je vois par d'autres noms du ciel, que la voie lactée, ce fleuve de lait pour les Grecs, était également un fleuve pour les anciens peuples, tels que les Chinois et les Arabes. Exemple : Orion, de *Ory on*, signifie qui remonte le courant du fleuve; Procyon, étoile brillante, de *porotsy-on*, qui se répand sur le fleuve. Mais le Lion n'est plus aujourd'hui à côté de la voie lactée. Il aurait donc voyagé depuis que le nom a été donné.

La Vierge. — Le mot vient toujours de l'océanien : *Avy-hérez'*, qui arrive dans toute sa force, dans sa prime jeunesse. Le signe devait indiquer un mois bien heureux à l'époque où il fut donné.

Et on peut penser que la constellation voisine qui porte le nom de *Chevelure de Bérénice* pouvait faire partie de la Vierge à l'époque où le nom fut donné.

Le Scorpion. — Le nom peut avoir été donné pour marquer une époque d'invasion de cet insecte. Mais, en tout cas, sa traduction est assez curieuse : de *tsy koripih'on*, qui ne s'éloigne pas du fleuve. Et Antarès, sa belle étoile dite aujourd'hui le cœur du Scorpion, de *Antaha resa*, a pour sens, au contraire, là la partie détachée qui traîne, ce qui prouverait que celle-là a voyagé.

Notons que le mot *tsy koripiho* suffit à lui seul pour indiquer l'insecte, car sa caractéristique est de rester en place comme je l'ai fait déjà observer. Et si les anciens aimaient à s'occuper des grandes choses du ciel, peut-être pouvaient-ils aussi être frappés du mal que leur apportaient parfois les infiniment petits sous certaines constellations.

LE CAPRICORNE. — Cette figure ressort très bien dans la montagne de St-Denis; on voit parfaitement une grande tête de bouc avec une large barbe, que lui fait la Balance. Mais dans les vieilles peintures de cet animal, il finit en rouleau comme un morse. Ce devait être une bête désagréable qui revenait à certaine époque de l'année. Ce bouc, d'espèce particulière, devait être méchant.

Kapiry-Korona signifie mauvaise bête enroulée. Le mot *Korona*, qui a fait le mot corne chez nous, n'a pas ce sens dans la langue du Grand Océan.

Dans la montagne de St-Denis, il est comme aujourd'hui auprès de la Balance (qui marque peut-être ici la Justice) et du Sagittaire (qui est ici, sans doute, l'exécuteur des hautes œuvres).

LA BALANCE, de *baha lanja*, signifie dimension du poids.

LE SAGITTAIRE, de *Sazy tery*, a pour traduction qui châtie sur l'heure. On l'a représenté armé d'une flèche; tout au plus voit-on une massue dans les figures qui apparaissent au nord de la Balance.

LE VERSEAU, de *Very sao*, qui répand des bénédictions, saison des pluies pour l'époque où le nom se donnait.

. LES POISSONS, de *po hason*, cœur perfide. Cette constellation comprenait sans doute la Baleine et le Poisson austral, lors de la dénomination. Beaucoup d'étoiles ont disparu dans ce dernier groupe.

Et Fomalhaut, sa plus belle étoile, dite aujourd'hui la bouche du Poisson, s'il faut en croire son étymologie, en était primitivement le cœur, *fo mahahoh*, le cœur qui s'avance.

J'en ai fini avec les constellations du zodiaque, que nous trouvons représentées sur un débris du continent paléaustral et dont la construction ne peut être attribuée qu'à l'humanité qui y a vécu, avec les animaux qu'elle a dépeints.

Les notions zodiacales avaient eu le temps de se transmettre en d'autres régions de la Terre, avec les symboles et les noms donnés puisque nous les retrouvons encore aujourd'hui. Et puisque nous reconnaissons dans tous ces noms la langue du Grand Océan, cette langue aurait donc été parlée par les antédiluviens, par les tertiaires, par ceux qui ont fondé l'astronomie.

Un point fera encore illumination sur les mystères du passé. Si nous trouvons par le langage océanien, la traduction de bien des noms incompris, figurant aux vieux almagestes connus, nous aurons donc la signification que prêtaient nos Préariens et nos Préchaldéens, à tous ces noms, à toutes ces choses du ciel; nous avons donc une perception de l'idée qu'ils se faisaient eux-mêmes de ce ciel dénommé par eux.

Si la traduction nous révèle que ces anciens connaissaient la mutabilité des étoiles, leur multiplicité, leurs différences et leur changement de couleur, leur nébulosité, etc., toutes choses que nous croyons avoir été découvertes dans la période historique, et même de nos jours seulement, nous aurions donc la preuve que les grandes sciences mathématiques et philosophiques ont une origine antédiluvienne, comme l'ont entrevue nos glorieux penseurs de la Révolution française !

Et peut-être aussi certaines traductions nous amèneront-elles à connaître ce que nous ne connaissons pas encore !

Avant de passer aux planètes, voyons les autres constellations et étoiles connues avant l'ère chrétienne; et pour abréger autant que possible, je passerai sur les noms d'animaux dont, pour la plupart j'ai donné la traduction en mon livre.

II. Les mots constellation et étoiles ont elles-mêmes leur traduction par l'océanien : Étoile, de *I toha alo,* les soutiens qui restent suspendus; Constellation, de *Konts' elatra,* le mouvement des astres.

Eridan ou fleuve d'Orion. — Nous avons déjà vu la signification du mot Orion et la traduction d'Eridan ne se rapporte en rien à son second nom. Or, Eridan, de *ery dan',* caché dans un côté, enseigne ce que les Anciens connaissaient depuis longtemps de la particularité de ce groupe d'étoiles; il est en partie sur l'hémisphère boréal, non visible même en Europe. Et Achernard, sa plus brillante étoile, de *a ser' nar,* signifie qui voyage dans le froid.

Orion est la plus belle constellation du ciel; je donne au moins la traduction des principales étoiles : *Beteigeuse,* d'éclat variable, de *Bety jeja,* par instant tourbillement de flamme, c'est l'épaule droite d'Orion; *Bellatrix,* qui est l'épaule gauche, de *Belahatra,* bien dans l'alignement; *Rigel,* de *Ary zel,* qui jette des éclairs.

Arcturus, belle étoile du Bouvier, avec une lumière rouge comme Aldebaran du Taureau, vient de *Arak' toro;* semblable au taureau.

Mira (de la Baleine), qui passe dans l'année, de la plus grande grandeur à rien, vient de *mihira,* qui fait écarquiller les yeux.

Sirius, que nous avons déjà traduit de *tsiriotra,* qui ne marche pas rapidement. Ainsi, ce que l'astronome Bessel vient d'observer tout récemment pour le mouvement tout particulier de la plus belle de nos étoiles était déjà connu des astronomes de l'ancien monde, s'il faut en juger par le nom donné.

Canopus, étoile du Navire, de *Kan' opo,* la barque changeant de pelure (de couleur).

Cassiopée, de *Kasi opi,* qui a la propriété de muer, de perdre sa peau. Sa plus remarquable étoile, la Pèlerine, ne se voit plus depuis quatre siècles.

Céphée, de *tsi efi,* non séparée, est-ce parce qu'elle a son étoile double ou parce qu'elle est dans la voie lactée?

Mizar, étoile double de la Grande Ourse, de *Mizara,* qui se divise.

Erichton, ancien nom du Cocher, ou Charretier, de *erik' taon,* qui regarde, qui s'occupe de regarder une chose qui porte d'un lieu dans un autre, c'est évidemment antérieur à l'invention des voitures.

Ophinchus, Hofiokofok, agitations réitérées.

Régulus, la grande étoile du Lion, de *Arv kolotua,* qui a un creux, ce que je ne vois relevé nulle part; on la considère simplement comme étoile double.

Dénébola, aussi du Lion, de *deny bola,* une lune mouillée, un halo !

Ataïr, la belle étoile de l'Aigle, de *Hataïra,* qui saisit, qui surprend subitement.

La lyre, de *al hira*, qui donne des airs de musique.

Wega, sa principale étoile, de *Ho aika*, qui fait réunir, qui convoque.

ANDROMÈDE OU LA FEMME ENCHANTÉE. — Voilà un nom qui me paraît dépendre de l'astrologie, qui elle-même dépendait de l'astronomie pour le temps où les noms se donnaient, et comme je l'ai établi dans mon livre II, un nom donné exprimait toujours la chose et non un souvenir; Andromède ne peut être le nom d'une femme.

Mais *andro méda* peut signifier jour à destins; lente comme *andro mena* signifiait jour à destins violents, comme *andro mahery*, jour à destin fatal, etc.

Si ce n'est pas la vraie traduction, *an doro méda* signifierait encore là un brûlement lent.

NÉBULEUSE. — Ici nous touchons à une véritable révélation de la linguistique. Le caractère des nébuleuses, dit Arago, n'a été véritablement observé que depuis 1612 par Simon Marius, puis ensuite par Huyghens, Halley et autres.

Jusque-là on appelait indistinctement nébuleuses toutes les taches blanches du ciel, confondant les amas stellaires et les amas de matières diffuses, non encore déterminées jusqu'ici.

Or, la traduction du mot *nébuleuse*, non encore faite jusqu'ici par l'océanien, prouve que non seulement nos **Préariens** et nos **Préchaldéens** faisaient déjà la distinction des deux sortes de nébuleuses, mais encore qu'ils donnaient une explication des amas de matières diffuses.

Le mot *nébuleuse* vient de *ny bol'heza*, les chevelures stationnaires, les comètes arrêtées.

Je ne vois pas cette opinion émise par aucun de ceux qui ont disserté sur la question.

Hyades et *Pléïades*. — Je donne ici un exemple des amas stellaires qui ne sont plus considérés comme nébuleuses.

Y ha dy ou Hyades à la prononciation signifie les **fossés**, les tranchées; c'était sans doute de la stratégie comme de nos jours.

Et *Pelehi hady*, à la prononciation Pléïades, signifie un contour de fossés ou de tranchées, peinture à l'œil nu de ce groupe.

Mais les anciens du préhistorique y avaient reconnu et

dénommé de nombreuses étoiles, preuve évidente qu'ils étaient en possession d'instruments d'optique perfectionnés, ce qu'on ne commence que depuis peu à reconnaître.

La traduction de leurs noms fait croire qu'ils assimilaient le Ciel à la Terre; ils y voyaient des fleuves, ce sont maintenant des marais qui paraissent.

Alcione, la principale étoile de Pléïades située auprès de la partie nébuleuse, de *alatsi hona,* qui sort non loin du marais.

Peleïane, de *pelche hona,* au contour du marais.

Atlas, de *at lasa,* là il s'en va.

Mérope, de *Mero opy,* noire enveloppe.

Electra, de *Ylelika,* partie comblée.

Maïa, de *Mahia,* décharnée.

Téléno, de *Tsel'eno,* jaillissement, explosion.

Astérope, de *Hasi tera opy,* qui a la vertu de produire d'autres peaux, de changer de couleur.

Taygète, de *taï zetra,* restes de ceux qui sont en mouvement (de comètes ou planètes?) mais retenons cette désignation de zètres, prononciation de *zetra,* appliquée à certains astres doués d'un mouvement que n'avaient pas les dieux zodiacaux.

Il est malheureux que les Grecs ne nous aient pas rapporté tous les noms des anciens almagestes; ne comprenant rien à la langue du préhistorique, ils numérotaient les astres des constellations par les lettres de leur alphabet.

LES PLANÈTES.

Le mot planètes a également sa signification par le langage du préhistorique. Et ici nous retrouvons le *paha lahe* qui nous a tant révélé au livre II; *pahalah' anety* a pour traduction les anciens hommes au dedans.

Par la mythologie grecque qui adopte douze nouveaux dieux et leur consacre principalement les planètes et des étoiles remarquables, on sent qu'une orientation nouvelle s'était faite dans les idées religieuses avant elle et dès les premières phases de la civilisation égyptienne.

Les constellations qui suivent la marche du soleil, et semblaient être les génies du dehors protecteurs de la Terre, ne comptent plus !

Le Sabéisme s'éteint, ce sont les ancêtres remarquables du passé, doués de qualités supérieures et surhumaines, qui deviennent dieux et sont consacrés comme des incarnations de la puissance des cieux.

Mais il ne s'ensuit pas que ce grand schisme soit de date récente dans la préhistoire ou tout au moins que les planètes, séjour de ces dieux, aient été ignorées du vieux monde austral, les noms que portent les dieux, les demi-dieux, les muses, les Vestales sont intraduisibles par toutes les langues les plus anciennes de la période historique.

L'Égypte, les peuples de l'Asie Mineure, la Grèce, Rome n'ont rien compris aux noms de leurs génies tutélaires.

Une seule langue, celle que nous retrouvons dans le Grand Océan, vient comme précédemment nous en révéler le sens.

Je donne la traduction d'abord des douze grands dieux et déesses, puis de divers autres qui peuvent nous apporter quelque enseignement.

JUPITER, de *Zo piter*, le dieu qui produit, qui enfante.

NEPTUNE, de *Ny potony*, le principe, la source.

MARS, de *Mar' harats'*, beaucoup de rasement par les tranchants.

MERCURE, de *Mi era kiri*, qui fait consentir les plus difficiles.

APOLLON, de *Apo olon*, le feu du monde. Phœbus, son autre nom, donne la même idée, de *afo bé*, le feu suprême.

VULCAIN, de *Vy ilikany*, action de détacher le fer, d'extraire le fer. Voilà une étymologie qui bouleverse toutes les notions que nous laisse l'histoire ancienne sur la découverte du fer; on le fait descendre de l'Afrique par l'Égypte en raison des prodigieux monuments que son antiquité nous a laissés. Mais à l'époque où se construisaient ces monuments de l'Égypte, ainsi qu'on peut en juger par les écritures trouvées aux bas-reliefs, le langage océanien ne se parlait plus déjà. Or, l'étymologie étant franchement océanienne, la connaissance de l'extraction du fer daterait donc de cette époque profondément reculée où se parlait dans toute sa pureté de langage océanien, peut-être même où se construisait le zodiaque de Bourbon.

Ainsi s'expliquerait le prodigieux façonnage de la montagne St-Denis, inconcevable, sans une technique quelconque basée sur un emploi de métaux, technique que nous ne connaîtrions pas encore, puisqu'il nous serait impossible avec nos moyens actuels de tailler la montagne de St-Denis comme le préhistorique l'a fait et qui aurait sombré avec le continent paléaustral, de même qu'il paraît établi que le secret de la fabrication de l'acier en Europe avait disparu pendant tout le moyen âge. Or, l'étymologie océanienne de Vulcain dit qu'il extrayait le fer comme on extrait les autres métaux à l'état naturel, et jusqu'ici nous n'avons pu employer que la fonte comme procédé technique.

VESTA, de *Vehy tsy taha*, la femme qu'on ne compare pas à une autre, la femme sans pareille.

JUNON, de *Jonono*, la divinité des seins.

MINERVE, de *min' hévitr*, restant en réflexion.

DIANE, de *Diana*, impatiente, avide.

CÉRÈS, de *tsy resy*, qui ne cède pas, qui ne succombe pas.

VÉNUS, de *Vén' his'* (*Vena hisa*), qui perd son équilibre, chancelle, et qui se remue par petites secousses (hystérie).

J'ai pu m'étonner de l'étymologie de Vulcain en raison des notions que nous laisse l'histoire sur la découverte du fer, et pourtant sa traduction est toute naturelle, nullement recherchée ou forcée. Mais il ne paraîtra moins lumineux que la dénomination des autres dieux n'a pu être faite, qu'en cette langue du préhistorique, inconnue de nos civilisations du passé, et que nous retrouvons sur les terres du Grand Océan isolées depuis le tertiaire, dans le Grand Océan. Le monde eurasien ne l'employait plus à l'époque où se gravaient ses plus anciens monuments écrits.

Les demi-dieux ont aussi leur traduction :

HERCULE, de *her'k'ol*, le fort homme, la force de l'homme.

PLUTON, de *Polo tono*, une suite continue de rôtissages.

SATURNE, de *Sasa torona*, à moitié ou au milieu, brisé, fracassé, pulvérisé.

L'anneau de Saturne est encore inexplicable pour la science

de nos jours; ce que nous voyons au milieu de cet anneau, serait donc un satellite, qui serait venu s'y loger, Saturne absorbant ses enfants.

AMPHITRITE, femme de Neptune, de *ampy iritriritra*, ayant le pouvoir de plonger dans l'eau.

OMPHALE, femme d'Hercule, de *Omp' halohalik*, qui l'a attaché à ses genoux.

LES MUSES, de *Maoza*, musculeuses, qui font des efforts, exemple :

MELPOMÈNE, muse de la tragédie, de *Melopomena*, qui entretient le cœur rouge d'impression.

TERPSICHORE, muse de la danse, de *ter' tsi kora*, qui ne produit pas des mouvements irréfléchis.

URANIE, muse de l'astronomie, de *irany*, rayon de lumière à travers un petit trou?

Cela suffisait-il, sans verre grossissant, pour la découverte de toutes les merveilles que nous révèle la linguistique.

Mais il nous faut quitter le Ciel et revenir à la Terre ! La parenthèse, — que quelques lecteurs me reprocheront peut-être d'avoir ouvert en faveur de la linguistique — laisse entrevoir toujours qu'à l'époque où les dieux se créaient sur le grand continent austral disparu, une science de l'univers étoilé existait déjà considérable !

Une grande vérité — d'une importance inouïe pour le changement des idées sur le passé de l'homme, pour une orientation nouvelle dans l'enseignement scientifique — éclate sublime dans le vieux ciel entrevu.

La langue, qu'ont parlée à Bourbon les Malgaches, en y venant il y a quatre siècles (livre Ier), et qui se parle actuellement sur toutes les îles éparses du Grand Océan, la langue que portèrent en Europe nouvellement sortie des eaux les premières peuplades d'Amérique qui vinrent aborder en Gaule ou en Bretagne (suppl. de mon livre II), cette langue, toujours la même, est celle qu'a parlée le monde prodigieusement ancien du paléaustral, celui qui le premier créa et nomma les dieux sur la Terre. Et la traduction de cette langue conservée inconsciemment par les populations les plus écartées

Convexité de l'Ile Bourbon. — Fracture de la Rivière des Galets.
Vue prise du port de la Pointe des Galets. Orère avec sa croupe de crustacé apparaît au milieu de l'ouverture.

de la civilisation actuelle, est non seulement une illumination subite du passé ignoré de cette civilisation, mais encore une révélation de la façon dont les notions scientifiques de l'ancien monde se sont transmises au nouveau monde, la langue de cette époque, plus logique que celle des modernes, était à elle seule l'enseignement universel ! Le véritable progrès pour nous serait de la reprendre.

Trop de choses d'une réalité saisissante, non rapportées, par les vieilles traditions humaines, m'apparaissaient donc à la fois dans toute leur lucidité !

Je résolus de suspendre mes descriptions de la montagne sainte et de voyager aux îles voisines.

Je les connaissais déjà, mais ne les avais point observées au point de vue préhistorique.

Madagascar, tronçon longitudinal du vieux continent austral, s'en était bien écarté depuis les convulsions du secondaire; mais Maurice, malgré le flot qui l'inonde et la sépare de Bourbon, en est la sœur reconnue par toutes les sciences.

Si Maurice est non seulement par sa position un fragment du paléaustral, mais encore, par sa roche, sa faune et sa flore témoigne de sa coexistence avec Bourbon, pendant le tertiaire, Maurice comme Bourbon, doit nous révéler l'art et le génie de la précédente humanité qui y a passé, et qui comme dans l'Inde a encore éternisé sur la pierre indestructible les témoignages de sa foi et de sa science.

CHAPITRE XIII

Voyage à l'Ile Maurice.

Je suis parti de Bourbon pour Maurice, le 28 octobre 1911.

Le *Djemnah* sortit du Port de la Pointe vers 17 heures et fila aussitôt Nord-Est, contournant la montagne de St-Denis et s'en éloignant peu à peu.

Les occasions pour les Bourbonnais, d'étudier de la mer l'ossature de leur île, sont aujourd'hui bien rares. Il y a **40 ans**, plus de cent voiliers stationnaient journellement sur les rades, se renouvelant sans cesse, faisant vivre des milliers de familles, initiant les populations de la côte aux secrets de la navigation mondiale, les mettant en relations avec les diverses races de la mer des Indes.

Rien n'était alors plus facile que de se mouvoir sur mer; on allait de St-Pierre à St-Denis par l'Est et l'Ouest aussi facilement que par terre. On pouvait juger du faciès de l'île, observer et étudier la charpente géologique qui raconte tant les convulsions du passé.

Une grande faute de la troisième République a été de favoriser outre mesure ses grandes compagnies de navigation à l'encontre de la démocratie de la mer qui disparut et qu'elle a tuée de ce fait. L'utilisation de la mer sous toutes formes disparut à Bourbon. Il serait impossible aujourd'hui, en raison de l'itinéraire des grands paquebots, de contempler, de la mer, la partie sud de l'île; celle-ci comme l'arrière de la Lune reste invisible aux humains.

Ces vapeurs n'entrent qu'au Port de la Pointe et n'en sortent que pour aller à Maurice direction Nord-Est, ou pour aller à Tamatave direction Nord-Ouest. La grande navigation est encore fermée sur tout autre point.

Mon voyage à Maurice allait donc me permettre d'inspecter de la mer l'abrupt de la montagne sur mer, rapidement il est vrai, et très imparfaitement, puisque nous étions aux dernières heures du jour, et que pour se rendre compte des travaux du préhistorique, il faut voir les points à observer, ainsi que je l'ai expliqué, précédemment, tant à toutes les heures du jour qu'à toutes les distances favorables à la vue.

Malgré tout, et bien que cet abrupt de la montagne ait été

RÉUNION. — LA POSSESSION.
Vue de la Pointe des Galets prise du haut du cap de La Possession.

pendant le quaternaire exposé aux dégradations incessantes du flot océanien, certaines parties de la roche pouvaient avoir été quelque peu conservées et donner lieu à révélation, et je m'étais convaincu que dans le Nord de l'île on pouvait trouver ailleurs qu'à St-Denis des travaux du préhistorique.

Du Port à St-Denis, la roche date de la même formation géologique que celle du Cap Bernard, et j'avais remarqué qu'à Bourbon cette roche du secondaire avait été la seule à révéler le statuaire du préhistorique; je ne l'ai reconnu nulle part sur les coulées basaltiques datant des époques plus récentes.

De la dunette du *Djemnah*, je me mis donc à observer attentivement.

Le paquebot à peine sorti du port, tourna bien vite dans la direction de Maurice; nous avions Bourbon à notre droite. Le soleil couchant éclairait le paysage avec un dôme de nuages qui cachait les hauts sommets de l'île.

RÉUNION. — LE PETIT PLATEAU DU DODANE.
Au fond : la rivière des Galets descend au sud du Port.

Le delta de la Pointe des Galets, que nous franchissions, attristait le paysage avec son absence de cultures; puis bien tôt parut la montagne, également dénuée d'établissements agricoles et n'offrant de variété que par ses déchirures longitudinales qui finissaient à la mer. Au point de travaux de culture, nous avions devant nous la partie la plus ingrate de l'île.

Je les inspectais, et je donne ici mes impressions toutes vagues, toutes illusionnées qu'elles peuvent avoir été avec la lueur blafarde du jour qui s'éteignait.

Avant d'arriver à la Grande-Chaloupe, en regardant la **rive** gauche de sa ravine, je fus surpris de voir apparaître au Rempart la silhouette d'une tête de singe, comme si la roche avait été coupée pour qu'elle eût cette apparence. Je ne reconnus pas dans le rempart l'entrée de la Caverne exploitée dernièrement par M. Dor pour ses guanos. Quand nous fûmes au cap Bernard, et avant de le dépasser, je vis encore la silhouette d'une tête qui se dessinait à son sommet angulaire, mais cette fois c'était bien celle d'un homme.

Et en même temps, sur le plateau de la montagne, dans le fond d'un ravin, j'aperçus une nouvelle tête, cette fois-ci de face, avec nez et yeux très distincts.

Au cap Bernard, nous étions à près de deux kilomètres du rivage, le temps était sombre; tout ce que j'avais remarqué et que j'ai déja décrit, comme étant du préhistorique, pas même le buste d'Indra, n'apparaissait !

Le jour avait cessé, les deux phares de Bourbon, celui de la Pointe derrière nous, et Bélair devant nous frappaient seuls nos regards. Et je me refaisais cette réflexion : si des sculptures se retrouvent aujourd'hui sur tout le flanc décharné de la montagne, qui fait face à la mer, elles n'ont pu être faites pour être vues, qu'à l'époque où la mer n'y arrivait pas, où, en d'autres mots, à la place de cette mer, surnageait encore la plateforme continentale des terres disparues.

Cette mer sur laquelle nous voguions nous cachait donc tout le sol qui reliait, dans le passé, les îles Sœurs si semblables entre elles ! Les relevés bathymétriques ne font percevoir ni plaine ni pénéplaine; tout le sol inondé est fracassé et disjoint; y songe-t-on? Depuis des milliers de siècles, les grands courants de la mer ont passé sur ces fonds.

Et ce sol avait pourtant porté, s'il faut en juger, par les travaux de la préhistoire de Bourbon, la population la plus dense de la Terre !

Bientôt les phares de Bourbon disparurent à leur tour, et j'allais prendre un fauteuil au milieu des passagers qui se trouvaient sur la dunette.

Une aimable dame causant y faisait cette réflexion charmante : Nos amis de Bourbon s'inquiètent fort d'un voyage à Maurice, et pourtant on entre à bord à la tombée du jour, on s'étend dans un fauteuil, et le matin on se réveille à Maurice.

Vers trois heures, en effet, un bruit de chaînes se fit entendre. Le navire mouillait en pleine mer, en face d'un nouveau phare; c'était celui du Coromandel qui nous jetait alternativement ses feux et nous laissait deviner à l'Est la masse noirâtre de la terre.

Nous regardions tout d'abord, avec surprise, la noire silhouette qui se dégageait devant nous. Après celle de Bourbon, que nous avions vue la veille s'élever sur nos têtes à plus de 3.000 mètres, celle de Maurice réduite seulement au quart de cette hauteur, me paraissait comme s'affaisser sous le flot. De plus, quand on arrive de Bourbon, à peine voit-on la ligne des brisants blanchir sur la mer que le sol semble s'élancer.

Nous devions attendre à l'ancre que le jour se fit pour avoir l'entrée du Port. Et pendant que nous balancions ainsi sur le flot, quel spectacle inattendu, enchanteur, grandiose, allait se dérouler à nos yeux émerveillés. Ah! j'ai compris l'état d'âme de Bernardin de St-Pierre (devant ce spectacle de la nature) au contact de cette nature.

Les montagnes de Port-Louis formaient un écran noir sur l'aube qui blanchissait de plus en plus à l'Orient, mais lentement. Après ce premier éclat nacré, toujours derrière l'écran, parut à son tour l'aurore, l'aurore qui, pour le vieil Homère était de doigts de rose, l'aurore qui, pour Georges Sand, dorait de rayons roses la cime des Salazes ! Le même phénomène de coloration subite, dès que les premiers rayons solaires baisaient à l'arrière les crêtes de Port-Louis, se produisait au Nord-Est pour nous. Il nous sembla que sous des coups de pinceau, à larges envolées, une main invisible et gigantesque traçait peu à peu les détails infinis du massif mauricien. Du pic à tête humaine de Piterboth jusqu'au cône du Pouce et jusqu'à la courbe du mont Ory, la ligne faîtière du massif, sur un plan presque horizontal, ressortait d'abord, en formes suivies comme des signes algébriques ou astronomiques, comme des hiéroglyphes d'une écriture indienne. Çà et là, des pics, des ronds, des pointes, des courbes, des fenêtres en carrés.

Ce n'était point l'ampleur régulière des soulèvements de Bourbon, ni le désordre accentué des pointes salaziennes ! Ici, tout semblait travaillé pour produire un effet. Je croyais lire dans le Piterboth et les deux mornes qui le séparent du Pouce, AOM !

Je voyageais avec mon compatriote Athénas (Alias Marius Leblond). Je lui fis observer combien ces sommets sortaient de l'ordinaire et paraissaient façonnés; il en fut frappé et reconnut avec moi que rien dans la vue de la ligne faîtière des sommets de Bourbon ne donnait l'idée et l'impression d'un arrangement recherché voulu.

Était-ce là, me disais-je, vu de la mer, ce qui avait également frappé les premiers voyageurs du XVIe siècle et les avait portés à donner à la terre nouvelle le nom de l'île des Signés?

Et les Malgaches, conduits par les premiers colons français venus de l'île Bourbon n'en avaient-ils pas été également impressionnés quand ils désignaient la chaîne des montagnes du morne du Piterboth, nom resté au plus haut sommet, *Ampiter' botro*, là il se produit des arêtes, des reliefs donnant l'idée de dessins gravés.

Mais les sommets cessaient bien vite d'avoir leur fraîche et rose coloration. Ce n'étaient plus des rayons de lumière projetés dans les cieux.

L'œil du jour, le *maso andro* du Grand Océan, jadis le dieu du continent paléaustral, paraissait au-dessus de la cime empourprée, et dardait de ses rayons la partie basse de la montagne jusqu'au rivage.

Au clair obscur, à l'aube, à l'aurore, succédaient tout à coup pour la plaine les couleurs variées de la lumière décomposée, dont chaque objet jusque-là, resté assombri, se teintait différemment suivant l'affinité spéciale.

Le grand peintre de cette nature se montrait réellement dans toute sa puissance et sa majesté; tout le paysage de Port-Louis, berceau de la colonisation française, apparaissait, la citadelle au milieu.

Mais je ne pouvais encore, malgré la beauté du site, m'empêcher d'en remarquer l'étrangeté au point de vue géologique.

Le massif de Maurice, ainsi que je l'ai déjà expliqué au

RÉUNION. — LA POSSESSION.

Un groupe de pointes : de droite à gauche, le Cap, la pointe de la Ravine à Malheur, la pointe de la Grande Chaloupe, la pointe du Gouffre.

livre III des Révélations, est comme celui de Bourbon, de nature essentiellement volcanique, et tellement affaissé audessous des flots qu'on n'en voit plus la base granitique.

Le voyageur s'attend donc à voir un sol procédant régulièrement de l'accumulation des coulées basaltiques, s'étageant et descendant des points centraux de formation. Tout au contraire, si la cime de la rangée des montagnes paraît se joindre uniformément, il s'en détache une dizaine d'arêtes, étroites, courant dans le Nord et servant de cloison aux vallons qu'elles laissent entre elles.

Une force quelconque en écartant ou en creusant ici le sol a donc changé la formation naturelle de la montagne.

On croit voir ici le sol profondément lacéré des hauts sommets de Bourbon à l'embouchure de ses grands barrancas des rivières du Mât, des Galets, de St-Étienne.

Tout le massif de l'Entre-Deux, de la Plaine de Make, de la Montagne, de la Possession en sont de puissants exemples.

Il s'ensuit que lorsqu'on quitte, au soleil levant, la haute mer pour pénétrer dans la baie de Port-Louis, avec toutes les sinuosités des arêtes longitudinales qui viennent se joindre à celles de la crête faîtière pour mouvementer le paysage, on a l'illusion d'une course à travers bois où les arbres dansent et fuient à l'arrière, d'autant plus rapidement qu'ils sont rapprochés.

Le navire s'était enfin remis en marche sans que je m'en aperçusse. La vue du paysage nouveau m'avait entièrement possédé; je ressentais ce qu'avait éprouvé, ce qu'on devine chez Bernardin de St-Pierre : « L'être, chez moi, s'était absorbé dans la muette contemplation des beautés supérieures de la nature. »

Je sortais à regret de cet oubli de moi-même et cherchais à distinguer le Corps de Garde, couché sur le pic du même nom, morne d'aspect fantastique, qui m'avait tant frappé dans un voyage précédent et que je venais revoir.

Parfois la montagne de signaux prenait cette apparence mais ce n'était pas lui.

Je demandais à ceux de mes voisins qui regardaient comme moi et me paraissaient être de Maurice, les noms

de certains sites; deux désignations me frappèrent, le Lion,
la Vierge !

Retrouverai-je ici un nouveau zodiaque?

Le navire, en entrant au port, rasait l'île aux Tonneliers
(carte postale N° 1); je cherchais encore à y reconnaître le
monument commémoratif de la prise de possession de l'île
par une mission bourbonnaise de 1715. C'était là que la France
avait donné en grande pompe sa première étreinte à l'île
enchanteresse.

Je ne pouvais à nouveau me retrouver, lorsqu'un mouvement se produisit sur le pont; les passagers se portaient en
avant; de terre se détachaient de nombreuses embarcations,
à rames, à voiles, à vapeur. On eut dit des oiseaux glissant
sur l'eau.

Tous accouraient en toute hâte au devant du paquebot.

Oh ! la joyeuse envolée toute d'affection et de sympathie
marquant si bien la fraternisation de races séparées !

Et combien la vieille colonie française est heureuse de se
mouvoir encore sur l'onde amère avec la facilité que Bourbon
possédait autrefois également.

A chaque escale que font les Messageries Maritimes, que ce
soit dans l'Atlantique, dans la Méditerranée, ou dans le Grand
Océan, les navires attirent toujours le long du bord à leur
arrivée une nuée de barques. Le voyageur les suit d'un œil
distrait, indifférent; c'est un but mercantile qui les attire,
elles viennent offrir des fruits, des légumes, des objets travaillés, tous produits locaux.

A Maurice, c'est autre chose; une pensée aimable et gracieuse
anime tous ceux que portent les embarcations.

C'est un navire français qui entre; les officiers du bord
sont connus, les passagers ont tous des attaches à Port-
Louis.

Tous ceux qui surviennent se sont mis en peine pour accourir
et souhaiter la bienvenue à des amis.

Et on le sait à bord !

Qu'il est gai et réconfortant, attendrissant même, ce premier
mouvement de reconnaissance quand les mouchoirs s'agitent
et les saluts s'échangent.

Quiconque a assisté à un débarquement de navire français à Maurice ne l'oublie jamais !

Le médecin arraisonneur se hâte de donner la libre pratique, les jeunes sautent à bord, s'enquièrent des nouvelles, en donnent, s'occupent des bagages et nous entraînent.

Nous prenons pied à terre au milieu de nouveaux amis. La statue de Labourdonnais sur la place publique, comme à Bourbon, semble tressaillir d'aise et nous suit du regard.

Nous passons en douane; la douane est aimable. Une auto m'attend à la porte; je pars aussitôt, au sud, pour la campagne de mon parent Ad. Larcher, à Rose-Hell, où la famille est réunie, où la joie de revoir des êtres aimés se renouvelle pour moi.

Une terre qui vous donne des impressions telles n'est pas ordinaire. De loin comme de près elle vous envoûte.

Si peu que je viens de parcourir, le paysage me surprend encore. La rangée des montagnes s'est arrêtée au mont Ory, au pied duquel passe la Grande Rivière de l'Ouest.

Nous contournons ce dernier, et nous voyons toute la rangée de ces montagnes non plus tailladées en arêtes et vallons, mais, s'abattre brusquement. Les pentes qui de la mer montaient à sa cime faîtière ne se continuent plus. Et à leur place une plaine déclive immense, unie comme au râteau, bordée au loin par d'autres montagnes, apparaît; je l'ai dit déjà dans mon livre IV, tout le mystère de la création à Maurice est là.

PALÉOGÉOGRAPHIE. — J'avais peu de temps à passer à Maurice, une semaine au plus, et comme je l'ai aussi indiqué plus haut, j'avais hâte de fixer mes idées sur la corrélation qui pouvait exister entre les travaux préhistoriques de cette île et ceux de l'île Bourbon.

J'usais donc fébrilement de toutes les lignes ferrées pour l'aller et le retour, je prenais autos et voitures quand je ne pouvais faire autrement.

Un ami bienveillant, M. Lucien Conakau, me permit même de voyager en péniche dans le Nord de l'île pour courir à travers les îles et jouir des perspectives de la topographie, jouir même de celles de la bathymétrie, car, en ces régions, les différences de profondeur donnent à la mer une coloration variée qui surprend et fait rêver des mondes disparus.

Sauf les mornes de la Rivière noire au Sud-Ouest, où je n'eus le temps de parvénir, je puis dire qu'avec ces moyens heureux de locomotion, je me suis fait une idée rapide de l'ensemble; j'avais, en somme, l'impression d'un voyage à vol d'oiseau que les anciens écrivains se sont efforcés de nous donner en imagination.

Avant le préhistorique, ce fut donc l'orographie qui me frappa. Bory de St-Vincent qui fut un observateur prodigieux, qui nous laissa du massif récent de Bourbon une description et une explication étonnamment remarquables, ne pouvait se faire à l'étrangeté des mornes de Maurice. On n'avait encore, de son temps, entrevu la cause des grands mouvements du sol, l'influence des glaciers, etc., le monde préhistorique n'était pas entrevu.

« Le Piterboth, dit-il, est le point le plus élevé de cette chaîne, sa cime est surmontée d'un rocher qui ressemble à une tête..... Sur le morne des Prêtres, un bloc est bizarrement arrondi..... Le Pouce n'est qu'un gros roc arrondi d'une forme bizarre.

« En s'élevant sur sa hauteur, dont la base n'est que de déboulis, on passe au pied d'un escarpement à pic : sa cassure fuligineuse présente pourtant des couches de laves compactes qui dénotent l'origine volcanique de toute la montagne...

« Le Corps de Garde a ses flancs coupés à pic... Le sol du Champ de Mars est formé de débris volcaniques qui paraissent avoir été entraînés des hauteurs environnantes... Le Piton du milieu est une montagne conique très pointue. Les autres montagnes, séparées les unes des autres, forment des systèmes isolés, qui ont de communes leurs pentes douces vers la mer, et à la partie centrale, des escarpements plus ou moins brusques... Les arêtes qui partent de la Rangée de Port-Louis ont des embrasures comme des créneaux... Le Pouce est à tous égards la montagne la plus curieuse de l'île. »

Et toujours sur ces particularités de la topographie, Bory s'étonne et ne fournit explication. « Cependant, dit-il en fin de description, puisque dans Maurice, tout ce qui n'est pas calcaire a été produit par les volcans, où dut être situé le cratère principal, duquel sont découlées les campagnes fleuries de ce pays? Il serait maintenant très difficile de le trouver.

« L'île de France est trop anciennement volcanisée; des secousses, des affaissements..., tout a contribué à la défigurer; on pourrait seulement présumer, à la disposition des systèmes littoraux de montagnes, que le centre de l'île était autrefois la cavité d'un énorme volcan dont le dôme s'est écroulé, et qu'après ce grand événement, le Piton du milieu fut le dernier soupirail d'une force expirante qui s'éleva sur les débris de l'ancienne montagne dont toutes les autres étaient descendues. »

C'est bien là, en effet, l'impression qui nous reste d'une première vue de l'intérieur de l'île Maurice. En somme, le Piton du milieu à Maurice serait un haut sommet descendu comme le sont à Bourbon le Piton d'Auchin dans le cirque de Salazie, et le Bonnet carré dans le cirque de Cilaos. Mais malheureusement la constitution de la charpente mauricienne date d'une ère basaltique où les volcans à cratère ne se formaient pas. Et cela n'explique pas toutes les bizarreries de la nature que signale Bory au Pouce et au Piterboth. Et si réellement la plaine intérieure de l'île a été le théâtre des exploits d'un immense cratère, nous la verrions encore couverte et bou'eversée des laves, qu'il aurait vomies comme celles du Bénare et de la Plaine des Salazes qui recouvraient pourtant des parties du massif ancien de l'île Bourbon. J'ai écarté cette hypothèse pour les affaissements des cirques de l'île Bourbon. Il nous faut chercher autre chose, et en ne donnant une explication plausible et rationnelle, peut-être comprendrons-nous la raison des formes étranges des sommets mauriciens et le style tout particulier des travaux du préhistorique à Maurice.

J'ai déjà tenté d'expliquer dans mon livre IV, en parlant des particularités topographiques de nos îles, comment se sont formés les cirques et les enclos aux sommets de leurs parties centrales.

L'aspect des filons de laves, figés et injectés, à travers les couches trappéennes ou basaltiques dont se composent nos vieux remparts, nous donne une idée de ce que peuvent être à l'intérieur de la terre les grands courants géogéniques chargés de rapporter à la surface terrestre les matériaux ignés

PHOTOGRAPHIE N : GUEULE ROUGE (CILAOS).

Les gueules béantes, privées aujourd'hui de leurs sources primitives, s'ouvrent entre des têtes arrondies çà et là au sommet des remparts.

des parties les plus profondes de la planète. La route verticale
n'est pas toujours suivie; le flot igné perce sa voie comme il
peut et finit par la garder jusqu'au moment où des événements
supérieurs en décident autrement; il a son courant variable
comme celui des filons.

Or, j'ai attribué les grandes dépressions du sol dans les
cirques à deux causes : la première, qui peut exister sans
l'autre, au courant géogénique qui a circulé à Bourbon sous
terre d'abord longitudinalement, ensuite dans le sens équatorial; la seconde, et celle-là est surtout visible à Maurice,
aux glaciers qui, en faisant pression sur un sol déjà limé et
amolli à l'intérieur, ont contribué à activer le déplacement
de la croûte terrestre verticalement.

A Maurice, où l'activité volcanique semble avoir cessé avec
la première phase basaltique de nos îles, celle que j'appelle
avec les vieux géologistes, la période trappéenne, celle que
j'ai classée comme étant du secondaire, l'œuvre immense
accomplie par les glaciers est visible et manifeste.

Bourbon, dont le volcan n'a cessé de fonctionner pendant
le tertiaire, pour lui donner sa grande phase basaltique, et
pendant le quaternaire, sa période de lave, n'a pu conserver
intacts ses sommets arrondis et lacérés par les glaces.

Pour s'en faire une idée, le voyageur qui visitera Cilaos
voudra bien du plateau central contempler le sommet du
Cirque du Grand Bénare jusqu'aux gorges de la Rivière au
sud. Il y a là une crête déclive assez régulière, dans tout son
parcours; mais qu'il en observe les détails, il verra que, de
distance en distance, ce sommet dont la courbe est assez
régulière, est d'une contexture assez variée; il laisse voir des
stratifications basaltiques qui sont venues combler des ravins
préexistants. Ces ravins avaient été creusés par des glaces
précédemment. Ils étaient alors avant l'injection de ces stratifications la parfaite image des coteaux de l'Entre-Deux et
de Make, dont l'aspect angulaire est frappant. J'offre comme
preuve évidente de ce que j'avance : 1º le Bras de Patates dont
la Gueule surplombe la fin du cirque de Cilaos, à la rive droite
du col de la Rivière; par ce bras façonné par les glaciers ne
se sont pas écoulés les basaltes partis du cratère des Salazes;

c'est là que j'ai constaté, en effet, des stries considérables, ouvertes le long de chacun des remparts et parfaitement conservées, marquant bien le passage d'anciennes masses glaciaires. Ces masses glaciaires ont donné lieu à la singulière déchirure de la Plaine de Make, aux méandres, aux moraines et au sol détritique qu'on y observe çà et là comme à Maurice : 2° tout le massif de l'Entre-Deux, parfaitement circonscrit à la rive gauche de la Rivière de Cilaos par tout le bras de la Plaine y compris le bras Ste-Suzanne; ce massif de l'Entre-Deux après la disparition des glaces n'a pas reçu également les basaltes partis des Salazes; il rappelle en tout point le relief mauricien. Du côté de Cilaos, déclivités abruptes et du côté opposé, plaines déclives, aplanies comme au râteau, dans le sommet, et lacérées en arêtes et en vallons dans le bas comme à Maurice.

Ainsi donc s'expliquerait encore la parenté géologique des deux îles, au point de vue de la formation; les lois de la tectonique sont les mêmes pour elles. Et il y a mieux, mes données conjecturales énoncées aux livres précédents pour la chute graduelle de l'ancien continent paléaustral au fond de l'océan trouvent encore ici un puissant élément de vraisemblance. Maurice est un ancien sommet montagneux, dont l'altitude passée a favorisé peut-être le séjour des glaciers. Et il est aujourd'hui considérablement abaissé, plus abaissé que ne l'est celui de Bourbon; aussi abaissé, comparativement à Bourbon, que Bourbon est abaissé comparativement à Madagascar. Rodrigue a de même suivi les gradins de l'échelle descendante et s'est abaissée beaucoup plus que les autres; et de même, tous les socles longitudinaux de l'ancien continent austral se sont tellement abaissés sous l'eau qu'on ne les voit plus.

Préhistorique. — Ces particularités de Maurice, au point de vue géologique, ont leur intérêt, si l'on veut approfondir les différences de l'art dans les travaux préhistoriques des deux îles.

Le relief du sol a déterminé cette différence. A Maurice, le sol étant resté avec la façon que lui avaient donnée les glaciers, et l'humanité qui y a passé ayant trouvé le sol fractionné

et finissant partout en crêtes aiguës, n'a été portée qu'à le
denteler, à le festonner et n'a fait la plupart du temps que
les figures en profil avec face tournée vers les cieux.

Et quelquefois le dessin a été entrepris sur une étendue telle,
qu'on se demande si l'on n'est pas, en le constatant, sous l'empire de l'illusion d'une idée fixe. Pour permettre au lecteur
d'être à son tour ébranlé, je reproduis ici une série de cartes
postales.

*Cartes N*os *3 et 4.*

C'est la même vue prise au Champ de Mars. La carte reproduite verticalement dans un sens ou dans l'autre donne aussitôt la vision d'une tête humaine au sommet de la montagne
longue.

A remarquer l'embrasure visiblement ouverte dans la
colline et qui contribue tant à produire cette apparence.

*Carte N*o *5.*

Elle représente le Piterboth vu de la Vallée des. Prêtres.
Regardez-le dans la position verticale, dans un sens ou dans
l'autre, on dirait qu'on a recherché des profils humains.

*Cartes N*os *6, 7, 8, 9.*

Ces deux vues du Pouce et de la montagne des Signaux
redressées font croire que ces crêtes ont été quelque peu retou-
chées pour donner l'illusion de faces humaines.

*Carte N*o *10.*

Le mont Ory, vu du Club de St-Pierre, a également sa
courbure étrange. Si on tient la carte verticalement de façon
à ce que le palmier soit dans le haut, un grand profil d'homme
à nez courbé apparaît. Si on cherche à voir distinctement les
deux parties de la montagne, deux profils bien distincts apparaissent.

*Carte N*o *11.*

La vue prise du Trouquelas laisse voir également dans la
montagne striée verticalement et horizontalement l'apparence d'une tête humaine.

Carte N⁰ 12.

Si l'on tourne le mont Ory, on se trouve à Moka, et c'est là qu'on voit bien la rangée des Montagnes de Port-Louis abaissée, et à la place, une plaine intérieure, immense, unie, où on ne rencontre qu'un sol détritique de glaciers, et de loin en loin des arêtes restées debout, derniers témoins de l'ancien sol volcanique qui ont pu résister à l'usure des glaciers.

La période glaciaire qui a pesé sur Bourbon et sur Maurice, vers la fin du secondaire, dut être bien longue.

La carte N⁰ 12 nous montre les deux pans du mont Ory, séparés, mais unis à mi-hauteur par un comblement de roches roulées qui donnent la preuve que ces deux pans sont des moraines ou qu'une rivière a circulé entre eux.

La Grande Rivière qui a fini par circuler entre le Corps de Garde et le mont Ory aurait-elle eu son cours entre les deux pans du mont Ory avant l'effondrement du Cirque intérieur de Maurice? Mais je n'ai pu voir dans la Plaine son ancien cours.

Je m'écarte ici de mon sujet; je n'ai cité cette carte que pour faire remarquer la tête d'homme simplement dessinée au haut du pan est de la montagne. Là, il n'y a pas eu découpure de l'arête pour produire un profil. C'est la roche qui a été gravée.

Cartes N⁰ˢ 13, 14, 15, 16.

A Moka, dans tous ces lieux charmants qui s'appellent le Réduit St-Pierre, etc., on a une vue splendide du dos de la Rangée. C'est celle dont peut donner une idée la carte postale N⁰ 13. Malheureusement, toutes ces vues sont prises sans recherche des bizarreries géologiques de la montagne. Au loin le massif du Piterboth apparaît. Son pic, dont le sommet a été visiblement étranglé, pour lui donner l'apparence d'une boule sur un cône, ou d'un point sur un i se montre, apparaît alors comme un lama habillé de sa robe noire.

Le bord sud du massif a aussi sa forme humaine : il est taillé de façon à représenter le galbe d'une tête humaine portant un casque. C'est la roche bizarrement arrondie dont parle Dory ! La carte N⁰ 13 est la photographie, prise de près, du lama en prière dominant la Plaine.

18*

Ce ne sont point les seuls points qui frappent quand on passe en ces lieux enchantés.

Dans le Sud, le Corps de Garde, le mont du Rempart, les Trois Mamelles qu'on a vus jusqu'ici sur le même plan (V. carte N° 14) apparaissent détachés. Il est certain que tout ce massif se rattachait primitivement aux Rangées de montagne; une force considérable les a désunis et émiettés.

Du Réduit surtout, ces montagnes changent si bien d'aspect qu'on ne les reconnaît plus ! Le Corps de Garde qui porte à l'Est une tête en profil finement travaillée et l'Ouest l'immense corps d'un d'homme couché (1) (V. Carte N° 15), n'apparaît plus que comme une immense tête de Chien dont on aurait commencé l'exécution.

Le Mont du Rempart a le profil d'une tête de cheval ou d'ours; les Mamelles qui portent à leurs cîmes des profils parfaitement travaillés, donnent parfois l'apparence d'une Tiare et d'un lion préposé à sa « Garde » (V. la Carte N° 16).

Il est réellement étonnant que ces particularités de la nature mauricienne n'aient pas frappé jusqu'ici les voyageurs.

Dans un seul auteur, Victor Charlier, qui a publié ses impressions sur nos îles dans la Revue l'*Univers,* je vois des gravures des Trois Mamelles et du Corps de Garde qui me font voir que le dessinateur a remarqué les profils humains que portent les cimes, car il les a parfaitement reproduites.

Mais du véritable Corps couché figurant à la cime nord-ouest du Corps de Garde, le plus vaste monument peut-être qui ait été construit par des humaniens, personne ne l'a remarqué comme œuvre du préhistorique, je dois la photographie que j'ai donnée (V. Carte N° 17) à mon ami M. Paul Kœnig, du service des Eaux et Forêts.

Au haut de la tête, du côté ouest, se trouve le profil d'un guerrier casqué, c'est la carte N° 18 qui vient ensuite.

Le type de la race d'homme révélée par la tête du N° 17 est le Maori. Celui du N° 18 se rapproche plutôt de l'Indien.

---

(1) Il ne faut pas croire que ce corps d'homme couché (v. Carte) est cause du nom donné à la montagne. Plusieurs endroits s'appellent à Maurice Corps de Garde. Ce sont ceux qui primitivement avaient des postes de police.

Je m'arrête, je pourrais donner beaucoup de cartes postales (1) pouvant nous pousser à croire au préhistorique. Mais j'en ai assez dit pour ébranler et faire les convictions.

L'humanité du Continent austral qui a passé sur Bourbon et Maurice a dû, avant sa destruction totale par un cataclysme foudroyant pour toutes les espèces vivant sur ce sol, se développer tout d'abord séparément à la suite d'une première dislocation de la croûte terrestre.

Lors de la séparation, l'art de la Sculpture dans la montagne n'en était qu'à la découpure des crêtes, pour reproduire des profils; cet art, après la séparation, a progressé à Bourbon: il est resté stationnaire à Maurice.

Mais de quelle foi ardente en Dieu témoignait-on déjà sur la Terre? Tous les profils sculptés regardent les cieux à Maurice; imploraient-ils le pardon? Exprimaient-ils l'espoir en une vie future?

---

(1) Les cartes postales de Maurice ne se trouvaient point aux papiers et manuscrit de l'Auteur que la mort surprit au travail. P. II.

CHAPITRE XIV

Voyages à Madagascar.

J'ai fait trois voyages à Madagascar 1899, 1900, 1911. J'ai passé à Mayotte et à Nossi-Bé. J'ai longé les Comores. J'ai passé deux mois en 1911 à parcourir les hauts plateaux de l'Emirne, et tout le temps j'ai scruté la montagne et sa roche. Sur la Grande Terre, je n'ai pas eu seulement les couches basaltiques de Bourbon et Maurice, j'ai rencontré également le **quartz**, la pierre indestructible, qui dans l'Inde, était chargée d'éterniser la foi. Je n'y ai rencontré rien qui put me marquer dans l'édification et le travail de la roche et le sceau de la préhistoire.

Je reproduis ici une carte postale donnant un paysage de la côte Ouest.

TABLE DES MATIÈRES

LIVRE IV

Recherche des fracassements du sol dans la mer des Indes.

LIVRE V

Le préhistorique à l'île Bourbon.

ptérodactyle
qui semble remplacer le Cancer

ma
lance   Sagittaire

F

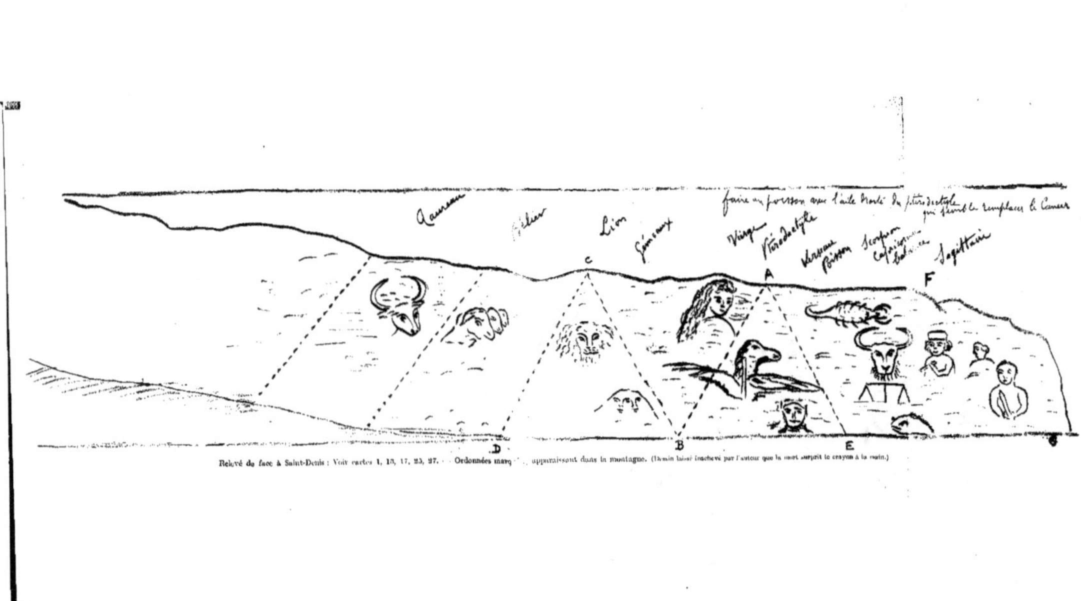

Relevé de face à Saint-Denis : Voir cartes 1, 13, 17, 23, 27. — Ordonnées marq[uant] ... apparaissent dans la montagne. (Dessin laissé inachevé par l'auteur que la mort surprit le crayon à la main.)